图解装修系列丛书

图解家居装修完全手册

汤留泉　等编著

U0213662

机械工业出版社

CHINA MACHINE PRESS

本书以图片解释的形式介绍现代家居装修全过程，将专业性较强的装修知识融会贯通，由重点举一反三，覆盖装修全局，毫无遗漏地介绍了家居装修细节，令广大业主轻松了解装修重点，同时揭开装修内幕，提出防止上当受骗的方法，使烦琐的装修不再令人头疼。本书分为6章，内容包括前期准备、设计、选材、施工、配饰及保养，是全新的家居装修百科全书，适合即将装修或正在装修的业主阅读。

图书在版编目（CIP）数据

图解家居装修完全手册 / 汤留泉等编著. —北京：机械工业出版社，2017. 3

（图解装修系列丛书）

ISBN 978-7-111-56710-3

Ⅰ.①图… Ⅱ.①汤… Ⅲ.①住宅—顶棚—室内装修—建筑设计—图解 Ⅳ.①TU767-64

中国版本图书馆CIP数据核字（2017）第092048号

机械工业出版社（北京市百万庄大街22号　邮政编码100037）

策划编辑：宋晓磊　责任编辑：宋晓磊　于伟蓉

责任校对：郑　婕　封面设计：鞠　杨

责任印制：常天培

北京华联印刷有限公司印刷

2017年6月第1版第1次印刷

140mm × 203mm · 5.875印张 · 139千字

标准书号：ISBN 978-7-111- 56710 - 3

定价：35.00元

前言

　　装修已经成为现代生活的必修课，但是家居装修知识的普及率却不高。毕竟从小学到大学，没有哪一所学校对普通人开设过装修课程，大多数业主对装修的认识来自于生活，这些认识无论是正确，还是错误，都深深影响着家居装修的品质。本书填补了这一空白，完全站在业主的角度来解析家居装修，为业主指明正确的方向。

　　家居装修主要分为设计、选材、施工、配饰四个方面。设计是根本，选材是基础，施工是手段，配饰是补充，本书的核心正是围绕这四个方面展开的。

　　家装设计一直被业主认为是很神秘的工作，设计方案主要依靠设计师绘制，平面布置图按程序绘制，电视背景墙从图库中调用，这样会使设计方案显得过于中性化，毫无个性可言。本书针对这些问题，详细讲解了现代流行的设计风格，分析了家装设计规律，列举了常用家具图示，帮助业主深入了解家装设计，不再被设计师牵着鼻子走。在选材内容中，本书列出了常用家装材料，帮助业主正确识别装饰材料，积累选购经验。尤其针对装修必备的主材，本书还讲到了鉴别优劣的技巧，让业主无须特殊仪器设备即能快捷地判定材料品质。对家装施工，就更少有业主熟悉了，本书站在业主的角度来审视施工，将专业术语转化成通用词汇，分解全套施工流程，帮助业主监督施工，杜绝装饰公司偷工减料。很多单一工种，业主都能亲自动手操作，从而大幅度提升工程质量。后期配饰方面本书列举了一些家居配品的制作方法，让业主能体验DIY的乐趣，使配饰过程不再是单纯的购物，而是不断激发业主的创意，营造出与众不同的生活氛围的过程，既省钱环保，又个性张扬。

家居装修既是一项专业门类，又是一套科普常识，既需要系统学习，又需要重点领悟。本书分6章以图片形式系统地解述家居装修全套知识，能让业主在短期内了解更多的内容，从容自如地应对装修。

为了感谢广大业主对本书的厚爱，凡购本书的业主均可获得一张平面布置图，请用手机或数码照相机拍下本书外观与购书小票，连同平面测量图和设计要求一并发送到作者邮箱：designviz@163.com，7天左右即可获得一张完整且标准的家装平面布置图。

本书的撰写得到了以下同仁的支持，感谢他们提供的一手资料。

陈庆伟	陈伟冬	董卫中	李建华	霍佳惠	何蒙蒙	胡爱萍
蒋 林	贺胤彤	杨 梅	卢 丹	马一峰	孙未靖	方 禹
苑 轩	苏 瑞	牛 旻	刘惠芳	邱丽莎	孙双燕	唐 茜
高宏杰	王红英	吴方胜	张 航	万 阳	付士苔	边 塞
杨晓琳	王巧云	王靓云	吴 帆	祖 赫	姚丹丽	

编 者

目录

完全手册

第 **1** 章　做好准备，选择公司

家居装修时业主难免会遇到一些问题，如装修样式与预算投入之间拿捏不准，供选择的装修材料多而杂，施工员的素质不高，对施工工艺和家居环境不了解等问题，这些问题往往会让业主很头疼。因此，装修前要做好充分的思想准备，多方面地考察，熟悉装修流程与周期，然后再选择适合的公司。

1.1 思想准备

人居环境是我们成为人类之本，所以舒适实用的居住环境可以说对人类是非常重要的。有的家居空间面积太小，房间数量太多，可以适当拆墙将房间合并起来。相反，也可以做分隔，以满足不同家庭成员的需求。即使房间数量少、面积小的住宅，也可以向高处扩展，例如，采用壁橱、吊柜，它们都是增加收纳的最佳场所。家居空间与家具尺度也要亲近宜人，因此家具棱角最好处理圆滑，尺度需要量身定制。（图1-1、图1-2）

图1-1　吊柜　吊柜是增加收纳的最佳场所　　　　图1-2　圆润的桌角　避免撞伤老人孩子

装修要适合家庭的经济承受能力。投资少的可以简单装修为主，局部装饰为辅，以便后期可以随意置换。现代装修风格变幻无常，更新速度较快，保养维护非常重要。如果资金充足，不妨将钱花在关键部位，如品牌瓷砖、中高档卫浴用品、厨房设备上。如果经济条件不太宽裕，主要资金最好花在使用频率高的装修构造上，如可以买张舒适柔软的床。（图1-3、图1-4）

图1-3　浴缸　充分体现生活质量

图1-4　舒适柔软的床　简洁但质量优异，经久耐用，经济合算

家居环境要优雅，为此要考虑个体与公众双重审美。将家庭成员喜好的元素、色彩、饰品等放置在房间墙面的首要部位，围绕成品装饰件进行设计，这样既能节省成本，又能营造与众不同的个性化创意，满足个体审美。亲戚朋友看了，觉得格调很优雅，于是赞不绝口，这就体现了共性美。（图1-5、图1-6）

图1-5　电视背景墙　与众不同的个性化创意

图1-6　卧室背景墙　选择蓝色主题墙营造了优雅

做好准备，选择公司

专业设计，制定方案

明码报价，签订合同

精细选材，选购材料

标准工序，规范施工

选择配饰

维修保养

　　施工工艺精湛过硬是保证高品质生活的重要前提。装修前应该对设施做细致检测，水、电、气隐蔽工程要单独验收，合格后方可继续施工，必要时可以聘请第三方专业监测人员协助验收。在整个施工过程中，要严格考察施工员的素质，时常监督施工过程，防止偷工减料。竣工验收时要特别注意油漆涂料表面，要求制作精细，视觉美观。（图1-7、图1-8）

图1-7　考察　水路施工现场

图1-8　验收　检测电路是否完整

　　坚持绿色环保装修。环保装修是指从装饰设计、装修施工到家居使用都能贯彻环保健康的理念，将家居健康生活全部贯彻到装修内容中去，尽可能不使用有毒害的建筑装饰材料进行装修。但是任何人造板材都有污染，这是因为人造板材都要掺胶水，否则就要延长生产周期，增加生产成本，而甲醛是最好的促凝剂、稳定剂，胶水里不可能不掺甲醛。（图1-9、图1-10）

　　这是一个"轻装修、重装饰"的时代，但是依然有很多业主在配置家具与装饰品方面感觉力不从心，这是因为他们忽略了装修与装饰之间的内在联系。家具与装饰品的布局设计应该先于装修工程，先确定家居装修的风格，再展开施工，这样既能保证整体格调统一，又能在一定程度上减少装修工程的开销。如今从规划布局到家具选购，从色彩搭配到饰品摆放，无不可以DIY。（图1-11）

图1-9　胶水黏合板材　胶水中的甲醛对人体有害

图1-10　环保无毒黏合剂[⊖]　坚持环保装修理念，使用环保无毒黏合剂

图1-11　装饰　DIY贴纸彰显个性

1.2 必要的考察

　　家居装修考察的目的在于检查房屋质量，找出安全隐患，及时要求物业管理公司整改修补，无法补救的部位要在装修过程中调整，提出优化方法，彻底解决住宅的各种弊病。所以，装修前的考察也至关重要。

　　楼盘环境直接影响将来的装修质量和生活品质，所以在装修前

　　⊖　"黏合剂""胶黏剂"中的"黏"字，在某些商品的商标铭牌上也写作"粘"。

主要看楼盘周边的交通状况、社区环境、房屋自身的适用性和物业服务。房屋面积是装修预算报价的重点，它直接与购买金额挂钩，为了保护自己的消费权益，一定要在装修前核实房屋的面积。家居装修前要考察房屋的内部结构，包括管线的走向、承重墙的位置等，以便后期装修。（图1-12、图1-13、图1-14、图1-15）

图1-12　住宅建筑间距　住宅间距的宽窄会影响房间的通风、采光等

图1-13　小区绿化　居住环境优美让业主感觉舒服

图1-14　验收　检查门的开启关闭是否顺畅，房门的插销、门销是否完好

图1-15　验收　检查墙壁是否平整

　　验房时要用专业的、准确的工具进行房屋测量。最好亲力亲为，这样能防止开发商和物业管理公司蒙混过关。验房工具要配置齐全，常见的住宅交房验收的工具有水平尺、铁锤、水桶、试电笔、小镜子、手电筒、卷尺、笔和计算器等。(图1-16、图1-17、

图1-18、图1-19、图1-20、图1-21、图1-22、图1-23)

做好准备，选择公司

专业设计，制定方案

明确报价，签订合同

精细选材，购买材料

标准工序，规范施工

选择配饰，维修保养

图1-16　验房工具　验房工具必不可少

图1-17　水平尺　测量墙面、地面、门窗及各种构造的平整度

图1-18　铁锤　检查房屋墙体与地面是否空鼓及其他房屋内部构造

图1-19　水桶　验收下水管道、地漏是否阻塞，也可以做闭水试验

图1-20　试电笔　测试各插座是否畅通

图1-21　小镜子和手电筒　用于查看隐蔽的构造或细节及其他照明采光不足的部位

图1-22 卷尺 用于测量房屋长、宽、高
等各项数据

图1-23 笔和计算器 做记录、标记和计
算测量数据

大部分验收工具都能方便获取，至于水平尺可以向物业管理公司借用，或向装修杂货店租用，必要时还须带上一部带日期显示功能的数码照相机，拍下验收中存在的问题，作为责令房地产开发商整改的依据。

——————家居装修小贴士——————

装饰公司的盈利点

家居装修的竞争很激烈，在我国省会城市，大小装饰公司不下2000家，其中专业承接家装业务的至少有1200家。

大多数装饰公司的盈利点都在于工程变更、追加。如果按当初签订的合同价格来施工，纯利润也就5%左右，控制不好就可能白干。遇到特别计较的业主，不增加一分钱，装饰公司就只能偷工减料了，总之要保证纯利润达到10%以上。

中小型平价装饰公司之间的竞争无非是打合同价格战，也就是先以超低的预算报价将业主吸引过来，在施工中再不断追加，或是诱导业主临时更换高品质材料，或是指出工程增加了不少项目，总之追加费用会达到当初合同价的20%。

因此，业主们要做好心理准备，将装修承包给装饰公司，合同价格中虽然包括利润，但是远远达不到装饰公司的预期收益。如果后期要求追加，且增幅控制在20%以内，也是可以接受的，这些都是装饰公司迫于市场竞争的无奈之举。

1.3　选择装饰公司

装饰公司是营利性企业。现在的装饰公司一般是采取设计与施工相结合的运营模式，来获得更大的利益。设计是承接业务的主要方式，施工才是盈利重点。市面上关于装饰公司的广告数不胜数，难免让人怀疑装饰公司的可取性。其实，家居装修从临时聘用农民工演变为承包给装饰公司，在我国经历了20年，最近5年，装饰公司占据的市场份额才逐渐稳固。

1.3.1　装饰公司种类

1. 大型连锁公司

大型连锁公司主要是指连锁加盟类的品牌公司。他们有固定的操作流程，严格的管理机制和良好的服务，尤其是设计水平较高，因此，对设计师录用很严格。（图1-24）

图1-24　装饰公司　大型连锁公司，价格高，装修品质高

2. 中小型平价公司

这是现代装修消费的主流，他们的操作流程与管理机制都效仿大型连锁公司。公司的老板以前多在大公司工作过，如今自立门户，这类公司综合管理水平一般，但很有特色，要么设计精致，要么施工过硬。（图1-25）

图1-25 装饰公司 中小型平价公司，平民价，受众面广

家居装修小贴士

看懂图纸比例和图线

关于图纸比例，可以找设计师借只三角尺测量图纸上某面墙的长度（如30mm），乘以图纸上标明的比例（如1：100），看是否等于图纸上实际标注的数据（30mm×100＝3000mm）。如果所得的数据与图纸上标注的数据不符，就说明这图纸是忽悠人的废纸。

关于图线，看图纸上的线条有没有粗、中、细区别。绘制墙体的线条应该最粗，家具轮廓其次，地面装饰和尺寸标注线应该最细。如果图上所有线条都一样粗细，基本可以认定这名设计师是半路出家的新手。接着翻阅全套图纸，看是否包含了水路图和电路图，这类图纸最能反映设计水平，图上的数据、符号、表格应该非常丰富才对。最后数一下图纸数量，一套装修设计图纸不应少于30张才行。

1.3.2 如何选择装饰公司

家居装饰的广告铺天盖地，装饰公司越来越多。一旦选择多了，业主就不知道该如何选择。接下来就介绍几种方法供业主参考，以正确地选择装饰公司。

（1）看资质等级 业主可以先上网了解一下该公司的基本情况，从注册资本金额、技术人员结构、工程业绩、施工能力、社会贡献等方面对装饰公司进行审核，正规企业会将自己的营业执照和资质证书登载在网页上供客户查阅。业主最好登陆当地工商行政管理部门或装修行业协会的网站，仔细查询，确保自己的利益不受损失。

（2）看施工现场 直接去该公司正在施工的装修现场了解装饰公司的设计和施工水平。在装修现场要着重关注装修构造的细部，最好要求参观正在进行水电施工的装修现场。（图1-26）

（3）看设计图纸 去装饰公司后，一定要看看设计图纸，现在书店里的装修图册比较多，可以选择几张供设计师参考，对照着来绘制施工图。（图1-27）

图1-26 电路施工现场 观察施工员手中的设备是否先进

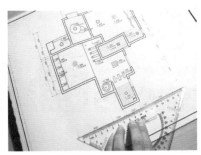

图1-27 看设计图纸 看图纸比例和图线是否符合实际

第 2 章　专业设计，制定方案

做好准备，选择公司

专业设计，制定方案

明确报价，签订合同

精细选材，购买材料

标准工序，规范施工

选择配饰，维修保养

装修前必须要设计，家装设计的自主性特别强，每一个空间的功能作用，业主喜欢的装修风格，都要向设计师说明。设计方案的主动权是业主，设计中的每个环节都要融入业主的要求，设计师只是将业主的各种要求和意见汇集起来，融入专业的设计知识，将现有家居环境重新整合包装。

2.1 追求独特的装饰设计

每个人都不喜欢和别人一样，在家居装修中也同理，所以在装修中要刻意表现出与众不同的一面就需要业主事先做好准备工作。在家居装修中，最能表达个性设计的主要是背景墙、风格流派和装饰细节。

1. 背景墙

背景墙是所有家装都必备的设计主题，设计师会着重设计这一面墙。多数家庭的电视机会挂置在客厅背景墙上，并围绕着电视机、电视柜和客厅吊顶进行造型。此外，还有餐厅背景墙、门厅背景墙、沙发背景墙、走道背景墙、床头背景墙等多种形式的背景墙。背景墙是体现个性装修的部位之一，不能不重视。（图2-1）

2. 风格流派

风格流派是家装个性表达的灵魂，想要表现自己装修的与众不同，在这方面就要多下功夫。下面会对这部分做详细介绍。

3. 装饰细节

即使再简约的设计风格，也应该在细节上下一番功夫，从细节上表达品质。（图2-2）

图2-1 背景墙 餐厅背景墙设计体现个性　　图2-2 装饰细节 用手机拍下装饰细节，
　　　　　　　　　　　　　　　　　　　　　　　　与设计师沟通

2.2 色彩搭配

　　家居色彩种类繁多，家居的不同风格类型影响着色彩搭配，而且色彩一旦确定下来就不能随心所欲地更换。色彩搭配的深浅、冷暖都是设计不可或缺的一部分。

2.2.1 色彩款式及定律

1. 白色调

　　白色属于高雅的中性色。在家居装修中，白色调主要通过白色乳胶漆、硝基漆等材料来表现。（图2-3）

2. 温馨色调

　　温馨色调主要通过调色乳胶漆、壁纸来表现。可以用粉红色、浅蓝色、米黄色等营造温馨的色彩，它们一般用于卧室、书房及儿童房墙面。温馨色彩间的相互搭配不能过于平均，要突出其中某一种色彩。（图2-4）

图2-3　白色调　容易与任何色彩协调
搭配，效果干净利落

图2-4　温馨色调　米黄色是营造温馨的
典型色彩

3. 传统典雅色调

咖啡色、棕色、褐色是传统典雅色调的代表，传统典雅色调主要通过胡桃木、樱桃木、沙比利等品种的木质饰面板来表现。（图2-5）

4. 轻快亮丽色调

轻快亮丽色调的代表有红色、橙色、米黄色，这类色彩纯度较高。轻快亮丽色调主要通过家居饰品、壁纸、地毯等来表现。（图2-6）

图2-5　传统典雅色调　白色顶面，棕色家
具饰面，庄严大气

图2-6　轻快亮丽色调　橙色和绿色对比度
高，给人轻松、活跃的感受

5. 高贵华丽色调

高贵华丽色调主要使用柔和的米色壁纸、彩色乳胶漆，还要使用反光性较好的玻璃、金属、石材来点缀。高贵华丽色调的代表有金色、银色、铜色。（图2-7）

图2-7　高贵华丽色调　用特殊材料勾勒出金属饰边或拼块，低调奢华

6. 黄金定律

调控好多种色彩在同一房间中的比例是最重要的，有一种万用黄金定律是5∶3∶2。主色彩一般占据50％的视觉面积，位置比较集中，色彩倾向于平和，用中性色较好。辅助色彩是主色彩的近似色，占据30％的视觉面积，表面形体可以呈不规则状，适当有些肌理、纹样或图案最佳。对比色起到反衬、点睛的作用，占据20％的视觉面积，一般具有光亮的色泽和质地，以不锈钢、玻璃、陶瓷材料居多，而且分散在房间的各个界面上。

2.2.2　先定深浅再定冷暖

确定色彩倾向可以采取先确定深浅，再确定冷暖的方式。硬装修的材料色彩是整个家居色彩的基础，在装修中只需确定大致方向即可，而色彩亮点，还是要靠陈设饰品来点缀。在客厅和卧室中，沙发、地毯、床上用品的色彩占据很大的视觉面积，它们的色彩对家居环境起到了决定性作用。（图2-8、图2-9、图2-10、图2-11）

图2-8　深色调　深色材料营造出沉稳的氛围

图2-9　浅色调　浅色材料体现出温馨、恬静的氛围

图2-10　冷色调　蓝色床头背景墙营造出宁静的氛围

图2-11　暖色调　大面积红色表现出热情、洋溢的氛围

家居装修小贴士

卧室色彩搭配方法

卧室的主要功能是睡眠，在色彩的选择上要避免使用过于强烈刺激的颜色。

（1）深冷型　一般是指深蓝色、深紫色与其他色彩的搭配。深蓝色、深紫色十分纯粹，会给人带来强烈的视觉感受，能使人心神安宁，适合与白色或其他倾向色系的蓝色搭配。深紫色又分为深紫红色和蓝紫色两类，它们也能与白色相搭配，表现出浪漫、神秘的气息。

（2）浅冷型　一般是指湖蓝色、蓝绿色等明度较高的色彩与其他色彩的搭配，这些色彩能给人带来清新的感觉。卧室的窗帘、床罩一般选择这类色彩。为了强化浅冷型卧室，还要在室内配置相关的软装饰品，饰品的颜色也以湖蓝色、蓝绿色为主，再适当搭配一些辅助色，如纯度、明度较高的黄色、橙色、紫色等。

（3）浅暖型　一般是指橙色、淡黄色等明度较高的色彩与其他色彩的搭配。卧室中的床上用品一般选择白色或浅绿色、浅黄色，再适当点缀纯度特别高的大红色和紫色，可以强调卧室的整体感，使空间显得更加丰富。此外，色彩丰富的毛绒玩具、抱枕都是浅暖型卧室的配置重点。

2.2.3　色彩配置模式

家居色彩的配置模式一般为：墙面浅，地面中，家具深。每个房间的配色一般不超过3种，且不宜将材质不同但色彩类似的材料放在一起。黑、白、灰、金、银一般不算作色彩，但是它们可以与任何颜色相陪衬。顶面颜色必须浅于墙面或与墙面同色，例如，墙、顶面都为白色；当墙面为深色时，顶面最好采用浅色。相互连通而没有开设门的两个房间，最好使用同一种配色方案。带有门的房间则可以认定为两个空间，可以使用不同的配色方案。接下来介绍一下万用的色彩模式。

1. 墙面色

墙面色对室内气氛起到主要支配的作用。过暗的墙面会让人感

觉到拥挤，过亮的墙面会让人感觉到孤立，宜选用明快的低纯度、高明度的中性色，而不是直接选配白色和纯色。（图2-12）

2. 地面色

地面色应该区别于墙面色，可采用同种色相，但明度较低的色彩。在日常生活中所能购得的木地板、地面砖的色调均比墙面沉稳。（图2-13）

图2-12 墙面色 米黄色的墙面使房间看起来很舒适

图2-13 地面色 地面色应与墙面色有所区别

3. 顶面色

顶面色可直接选用白色或接近白色的中性色。如果墙面色彩鲜艳丰富，则应该使用纯白色，但墙面与顶面不宜完全没有区分。（图2-14）

4. 家具及配件色

家具及配件的色彩明度、纯度一般应与墙面形成对比，但不宜过强。家具及配件的色彩可根据不同的材料来表达，可采用玻璃、不锈钢金属等材料来协调墙面与家具面板之间的对比关系，以获得令人赏心悦目的效果。（图2-15）

图2-14　顶面色　大多数顶面选用白色，
　　　　显得房间比较敞亮

图2-15　家具及配件色　多色的家具及装
饰品让房间看起来生机勃勃，充满趣味

2.3　空间功能分布

　　现代家居装修无论面积大小，使用功能都一应俱全，因此大多数房间被有形或无形地划分为多种功能空间，对此，空间布局上就要有所讲究，争取让人感觉舒适。

2.3.1　门厅玄关

　　玄关泛指厅堂的外门（也就是居室入口）的一个区域，是住宅室内与室外的一个过渡空间，也常被称为斗室、过厅、门厅⊖，它是居住空间环境给人的第一印象。一般将鞋柜、衣帽架、大衣镜等设置在玄关内，鞋柜可以做成隐蔽式，衣帽架和大衣镜的造型应美观大方，和整个玄关风格相协调，而玄关的装饰应与整套住宅的装饰风格协调，起到承上启下的作用。

　　门厅玄关可以设计成圆弧形、直角形，也可以设计成走廊玄关。最好能在客厅与门厅之间设计一个隔断，隔断的方式多种多

　　⊖　在设计上，门厅是否等同于玄关，业界是有争议的，本书不做解释及区分，有兴趣的读者可查阅其他书籍。

样，有与低柜结合的（低柜隔断式），也有与大屏玻璃结合的（玻璃通透式），还有与木格栅屏结合的（格栅围屏式）。采用格栅既能分隔空间又能保持大空间的完整性。（图2-16、图2-17）

图2-16　门厅　隔断空间设计成直角形，给人以视觉上的缓冲

图2-17　门厅　木板、玻璃和流苏做一个隔断，也能当成装饰

　　门厅玄关的地面材料也是需要考虑的重要方面，因为它要经常承受磨损和撞击。门厅玄关里带有许多角落和缝隙，缺少自然采光，因此需要足够的人工照明。照明设计根据不同的位置合理安排灯具，可以形成焦点聚射，营造不同的格调。例如，使用嵌壁型朝天灯或巢型壁灯可以让灯光上扬，产生丰富的层次感，营造出家的温馨感。（图2-18、图2-19）

图2-18　装饰　玄关里摆放一些工艺品等可做装饰

图2-19　灯光　走廊上方设置一个朝天灯营造不同的格调

做好准备，选择公司

专业设计，制定方案

明确报价，签订合同

精细选材，购买材料

标准工序，规范施工

选择配饰，维修保养

2.3.2 客厅

客厅是住宅的核心，可以容纳多种性质的活动。客厅可以形成若干区域空间，但在众多区域中必须有一个主要区域，形成客厅的空间核心。通常以视听、会客、聚谈区域为主体，辅以其他区域，形成主次分明的空间布局，而视听、会客、聚谈区往往由一组沙发、座椅、茶几、电视柜围合而成，与装饰地毯、天花板造型和灯具相呼应，强化中心感。由于现代住宅的层高较低，客厅一般不宜全部吊顶，而应该按区域或功能设计局部造型，造型以简洁形式为主。墙面设计是客厅乃至整套住宅的关键所在。在进行墙面设计时，要从整体风格出发，在充分了解居住者的性格、品位、爱好等基础上，结合客厅自身特点进行设计，同时又要抓住重要墙面进行重点装饰。背景墙是很好的创意界面。现代流行简洁的几何造型，其凸出和内凹的形体能衬托出客厅的凝重感。地面材料有地砖、木地板、天然石材等，使用时应根据材料、色彩、质感等的需要进行合理地选择，使之与室内整体风格相协调。（图2-20、图2-21）

图2-20 客厅 合理规划空间，茶几可当餐桌

图2-21 客厅 木质地板铺设的客厅看起来别有一番风味

做好准备，选择公司

专业设计，制定方案

明确报价，签订合同

精细选材，购买材料

标准工序，现场施工

选择配饰，维修保养

家居装修小贴士

楼梯设计

住宅中的楼梯尺寸一般都不大，这也是和整体住宅的规模相适应。住宅楼梯在宽度、坡度等方面，都和公共建筑中的楼梯有很大区别。公共建筑的楼梯宽度应不低于900mm，而住宅的楼梯宽度达750mm即可保证上下二人之中一方侧身另一方可正常通过。楼梯的坡度要根据层高（从一层地面到二层地面的高度）和楼梯的阶梯数来决定，也就是说要上下楼方便，应该以人体动作的踏步宽和高来计算。在平地上，人的步距为600～700mm，在垂直的梯子上，平均步高为300～330mm，而每级楼梯的高度一般在200mm左右。

2.3.3 餐厅

餐厅的布局很灵活。将餐厅设在厨房、门厅或客厅里，能呈现出各自的特点。厨房与餐厅合并布局使就餐时上菜快速简便，且能够充分利用空间。如果客厅或门厅兼餐厅，那么用餐区的布置要以邻接厨房为佳，它可以让家庭成员同时就座进餐并缩短食物供应的线路，同时还能避免菜汤、食物弄脏地面。通过隔断、吧台或绿化来划分餐厅与其他空间是实用性和艺术性兼具的做法，它保持了空间的通透性，但是这种布局下的餐厅应注意与其他空间在设计格调上保持协调统一，并且不妨碍交通。（图2-22、

图2-22 餐厅 餐厅和客厅合为一体

图2-23）

餐厅是进餐的地方，其主要家具是餐桌。餐厅顶棚设计往往比较丰富而且讲求对称，其几何中心的位置是餐桌，可以借助吊灯的变化来丰富餐厅环境。顶棚灯池造型讲究围绕一个几何中心，并结合暗设灯槽，让形式丰富多样。有时为了烘托用餐的空间气氛，还可以悬挂一些艺术品或饰物。餐厅的地面既要沉稳厚重，避免华而不实，又要实用性高且易清理，一般选用瓷砖、木板或大理石，尽量不使用易沾染油腻污物的地毯。（图2-24）

图2-23　餐厅　通过隔断来划分客厅和餐厅

图2-24　餐厅　餐桌上方装饰吊灯，烘托用餐的空间气氛

2.3.4　厨房

目前，厨房的空间形式呈现多元化方向发展，封闭式厨房不再是唯一的选择，可以根据需要来选择独立式厨房、开敞式厨房、餐厅厨房等不同的空间形式。

1. 独立式厨房

独立式厨房是指与就餐空间分开，单独布置在封闭空间内的厨房形式。独立式厨房的墙面面积大，有利于安排较多的储藏空间，但是独立式厨房也有难以克服的弱点，特别是空间相对较小的厨房，操作者长时间在厨房内工作，会感觉单调、压抑、疲劳，且无法与家人、访客进行交流。（图2-25、图2-26）

图2-25 独立式厨房 墙面面积大，储藏空间大

图2-26 独立式厨房 与餐厅的联系不方便

2. 开敞式厨房

开敞式厨房将小空间变大，将起居、就餐、厨房三个空间之间的隔墙取消，各空间之间可以相互借用。这种空间设计较大限度地扩大了空间感，使视野开阔、空间流畅，对于面积较小的住宅，可以达到节省空间的目的，便于家庭成员的交流，从而消除孤独感，有利于形成和谐、愉悦的家庭气氛。此外，开敞式厨房还有助于空间的灵活性布局和多功能使用，特别是当厨房装修比较考究时，能起到美化家居的作用。（图2-27、图2-28）

图2-27 开敞式厨房 起到美化家居的作用

图2-28 开敞式厨房 与餐厅联系方便

做好准备，选择公司

专业设计，制定方案

明确报价，签订合同

精心选材，购买材料

标准工序，规范施工

选择配饰，维修售后

3. 餐厅厨房

餐厅厨房与独立式厨房一样，均为封闭型空间，所不同的是餐厅厨房的面积比独立式厨房稍大，可以将就餐空间一并布置于厨房空间内。餐室厨房具有独立式厨房的优点，可以避免厨房产生的噪声、油烟及其他有害气体对住宅空间的污染。同时，因其空间较为宽敞，在一定程度上也具有开敞式厨房的优点，能减少空间的压抑感和单调感，且不同功能空间可以相互借用。（图2-29、图2-30）

图2-29 餐厅厨房 面积大，空间宽敞，共用通行面积，节省空间

图2-30 餐厅厨房 避免厨房产生的油烟及有害气体对其他房间的污染

家居装修小贴士

厨房水电气设备

（1）水设施 通过主阀门供水至水池，一般使用PP-R管连接，布设时应该安装在容易检查更换的明处，尤其是阀门和接口在安装后一定要加水试压，以防泄漏。水池使用后的污水经PVC管排入到住宅建筑中预留的下水管道。两种管材应明确区分，不应混合使用。如果水池龙头要供应热水就需要单独连接PP-R热水管至热水器，甚至会与卫生间的管道线路相关联。

做好准备，选择公司

专业设计，制定方案

明确预价，签订合同

精明选料，巧选材料

标准工序，规范施工

选择配饰，推荐保养

（2）电设施　厨房内的电器设备一般包括照明灯具、微波炉、消毒柜、抽油烟机、冰箱、热水器等。设施门类复杂，在布设电线时应考虑到使用频率的高低，分别设置数量不等、型制不同的插座。

（3）气设施　厨房内一般使用液化石油气、天然气两种。供气单位所提供的控制表应远离明火，所连接的输气软管应设置妥当，避免燃气泄漏发生危险。

2.3.5　卫生间

卫生间是住宅中与厨房并列的一个重要功能空间，但是面积一般都比较狭小，设备相对集中，所以空间布局设计要讲究，要注意好环境卫生，注意通风采光，不断补充新鲜空气。有窗的卫生间里最好能充分运用光照，获得自然光，如果卫生间里没有灯光，最好选用人工照明，并注意选购的照明灯具必须防水、防潮。冬季洗浴容易患感冒，特别是体弱的老人和小孩，因此有无良好的采暖设备至关重要。（图2-31、图2-32）

图2-31　卫生间　利用窗户获得自然光，有良好的通风换气条件

图2-32　卫生间　照明灯应防水防潮

卫生间要有充裕的活动空间，如浴室、厕所要有卫生行为的

活动空间，洗衣间要有足够的操作空间。设备、设施等的设计及安排应符合人体活动尺度。厕所、浴室等空间应注意私密性，需要组织过渡空间，避免向餐厅、客厅之间开门，在有条件的情况下，应该加强与卧室的联系。卫生洁具等设备、设施的材料及设置要便于清洁，易于打扫，有充足的收存空间。卫生间要防止碰伤、滑倒。此外，如果条件允许，还应考虑在卫生间里能进行眺望风景、听音乐、看电视、按摩、美容等活动。（图2-33、图2-34）

图2-33 卫生间 玻璃门将厕所、浴室分隔开来

图2-34 卫生间 地面材料应防滑，设备转角应圆滑，保证老人和儿童的安全

2.3.6 书房

书房的设置要考虑到朝向、采光、景观、私密性等多项要求，以保证书房未来良好的环境。书房多设在采光充足的南向、东南向或西南向，忌朝北，以保证室内照度，缓解视觉疲劳。书房也有不同类型的，例如与卧室并用的书房，家庭办公型书房。不同类型的书房功能布局也有所不同。

书房的空间结构基本相同，即无论什么样的规格和形式，书房都可以划分出工作区域、阅读藏书区域两大部分，其中书桌和书柜应该是空间的主体，应在位置、采光上做重点处理。为了节约空间和方便使用，书柜应尽量利用墙面来布置。有些书房还应设置休息和谈话的空间。若想在不太宽裕的空间内满足上述要求，业主可根据不同家具的功能依次安排，从而使书房内布局紧凑、主次分明。（图2-35、图2-36）

图2-35　书房　书房与卧室共用，中间用木柜和装饰品隔开

图2-36　书房　书房采光好，但避免阳光的直射

　　书房是一个工作空间，但绝不等同于一般的办公室，它要和整个家居氛围相和谐。巧妙地应用色彩、材质变化以及绿化等手段，能创造出一个宁静温馨的工作环境。在家具布置上，书房不必像办公室那样整齐干净，而要根据使用者的工作习惯来布置家具及设施，乃至艺术品，以体现主人的品位、个性。（图2-37、图2-38）

图2-37　书房　利用墙面色和家具的颜色来布置，体现主人的品位

图2-38　书房　书房内的装饰应简洁明快，并具有艺术气息

敬好推荐，选择公司

专业设计，制定方案

明确报价，设计空间

详细选材，预算材料

标准工序，规范施工

选择配饰，维修保养

2.3.7　儿童房

针对儿童的性格特点和生理特点，儿童房设计的基调应该简洁明快、富有童趣、活泼生动，色彩设计要丰富，对比度要大，构思上要新奇巧妙、单纯，从而为孩子营造一个童话式的生活空间，使他们在自己的小天地里自由自在地学习、游戏、运动。儿童房内应尽可能地提供宽敞的空间。可以设计双层家具，将床放在上层，下面是桌子、玩具柜和衣橱，从而节省出宝贵的空间供孩子活动。（图2-39、图2-40）

图2-39　儿童房　生动活泼的壁纸和可爱的装饰，仿佛置身于童话世界中　　　　图2-40　儿童房　双层家具，节省出了空间供孩子玩耍

儿童房最好使用适合孩子的儿童家具，这样有助于培养他们的自主意识。在不同季节，且随着孩子的成长，要不断地更换枕套和垫子的颜色，以保持孩子的新鲜感。基于孩子太小没有安全意识，家具的边角和把手应该不留棱角及锐利的边；地面要柔软、有弹性，不要留有磕磕绊绊的杂物，以免孩子摔倒磕伤；插座应放到孩子不易触摸到的地方，还要注意选择有保护装置的插座。（图2-41、图2-42）

图2-41　儿童房　房间布置色彩鲜艳，跳　　图2-42　儿童房　空间大，地面上铺有毛
　　　　跃感强，富有想象　　　　　　　　　　　　绒地毯

2.3.8　主卧室

卧室是住宅中完全属于使用者的私密空间。由于每个人的生活习惯不同，卧室中也能发生读书、看报、看电视、上网、健身、喝茶等行为。卧室可以划分为睡眠、休闲、梳妆、储藏4个基本区域。

1. 睡眠区

主卧室是夫妻睡眠、休息的空间，在装饰设计上要体现夫妻共同生活的需求和个性。高度的私密性和安全感也是主卧室布置的基本要求。主卧室的睡眠区可分为两种基本模式，即共享型和独立型。所谓共享型就是共享一个公共空间，进行睡眠休息等活动。在家具的布置上，可以根据双方的生活习惯来选择，要求亲密的可选择双人床。独立型则以同一区域的两个独立空间来处理双方的睡眠和休息。在条件允许的情况下可以增加单独卫生间、健身活动区等附属区域。（图2-43、图2-44）

2. 休闲区与梳妆区

主卧室的休闲区，是在卧室内满足主人视听、阅读、思考等休闲活动的区域。在布置时，可以根据夫妻双方在休息方面的具体要求，选择适宜的空间区位，配以家具与必要的设备。可以按照空间

做好准备，选择公司

专业设计，制定方案

明确报价，签订合同

精细选材，购买材料

标准工序，规范施工

选择配饰，准备保养

的情况及个人喜好来布置。（图2-45、图2-46）

图2-43　睡眠区　床头可放夫妻双方的结婚照

图2-44　睡眠区　独立卫生间提供了很多方便

图2-45　休闲区　床尾配置小沙发和茶几供休息

图2-46　梳妆区　一般以美容为中心的都以梳妆台为主要设备

　　要注意的是，梳妆台大多是人造板材制造，业主在挑选时要查看其质量合格证书，看板材的甲醛含量和质量说明，最好是凑近梳妆台闻闻，看是否有刺鼻气味，如果有，就最好不要购买。另外，在挑选梳妆台时，一定要问清楚，看有没有配套的椅子。最好选择有配套椅子的梳妆台，这样就不至于给自己的梳妆造成麻烦。

　　3. 储藏区

　　主卧室的储藏多以衣物、被褥为主，一般嵌入式的壁柜系统较为理想，这样有利于加强卧室的储藏功能，也可以根据实际需要，设置容量与功能较为完善的其他形式的储藏家具。在现代高标准的住宅内，主卧室往往设有专用卫生间，美容、更衣、储藏也可以利用起来。主卧室还可以配置布置一些镜面，作梳妆和穿衣用。设置的镜面不要正对窗户，以免产生大面积反光，影响人的正常睡眠。（图2-47、图2-48）

图2-47　储藏区　衣柜可用作衣物、被褥的储藏

图2-48　储藏区　专用卫生间的开发设计保证了主人卫浴活动的隐蔽

2.3.9　阳台

在一套住宅中，最接近大自然的空间就是阳台了。阳台较常见的形式有开敞式阳台和封闭式阳台两种。开敞式阳台主要用于健身休闲、绿化景观、晾晒衣物和放置杂物。封闭性阳台一般与客厅、卧室或书房相连，扩展室内空间，甚至作为封闭的卫生间或厨房使用。

阳台与房间地面铺设一致，恰当地延伸了阳台空间，可以起到扩大空间的效果。集合式公寓的阳台不能随意改变，应尽量保持其统一的外观。阳台可以铺设仿古砖或鹅卵石，不宜铺地板。设计阳台时要注意防水处理，尤其是排水要顺畅，门窗的密封性和稳固性要好，防水框向外。阳台地面的防水要确保有一定的坡度，低的一边为排水口。阳台和客厅应保持一定高差。（图2-49、图2-50）

图2-49　阳台　养殖一些绿色植物，绿化
　　　　　景观

图2-50　阳台　与房间地面铺设一致，可
　　　　　起到延伸空间的效果

家居装修小贴士

阳台的建筑结构

阳台的设计构造受限制于住宅建筑。阳台与室内之间的墙体一般属于承重墙，不能随意拆除。阳台的装修改造不能超载使用，外挑阳台的底板承载力为300kg／m² 左右，因此，在布局时要合理布置。如果阳台上的承载重量超过了最初的设计，就会造成一定危险。此外在装修阳台时，不能改变横梁的受力性质。阳台一般铺设小规格地砖即可，不要任意变更阳台地面的铺设材料，尤其是铺贴厚重的石材。

2.4　设计图

家居装修设计图相对于建筑设计图而言比较简单。重点在于了解图纸中的尺寸关系、门窗位置、阳台以及贯穿楼层的烟道、楼梯等内容。至于水路图、电路图和节点构造详图等技术含量较高，在具体施工中可以向设计师讲明要求，能让施工员看懂就行。

2.4.1　平面布置图

平面布置图在反映住宅基本结构的同时，主要说明装修空间的划分与布局，以及家具、设备的情况和相应的尺寸关系。平面布置图是后期立面装饰装修、地面装饰做法和空间分隔装设等施工的统领性依据，代表业主与装饰公司已取得确认的基本装修方案，也是其他分项图纸的重要依据。平面布置图一般包括：住宅空间的平面形状和尺寸；建筑楼地面装饰材料、拼花图案、装修做法和工艺要求；各种装修设置和固定式家具的安装位置，表明它们与建筑结构的相互关系尺寸，并说明其数量、材质和制造（或商成品）要求；与该平面图密切相关各立面图的位置及编号；各种房间或装饰分隔空间的平面形式、位置和使用功能；门、窗的位置尺寸和开启方向。（图2-51、图2-52）

图2-51　平面图　平面布置图供参考

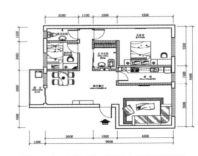

图2-52　平面图　平面布置图供参考

2.4.2　顶面布置图

顶面布置图又称为天花平面图，按规范的定义应是以镜像投影法绘制的顶棚装饰装修平面图，用来表现住宅顶棚的装饰平面布置及装修构造要求。顶面布置图的基本形式和内容有：顶棚装饰装修平面及其造型的布置形式和各部位的尺寸关系；顶棚装饰装修所用

的材料种类及其规格；灯具的
种类、布置形式和安装位置。
（图2-53）

图2-53　平面图　顶面设计图供参考

2.5　各种装修风格

　　家居装修的风格要上档次并
要体现个性，就必须有一定的风
格倾向。风格流派是一定社会时期的文化生活的体现，是设计师和
业主两者精神品位的融合，它集中体现在装修要素中。任何一种装
饰风格都不可能是亘古不变的，都需要在历史的进程中不断变化更
新。这里就介绍一些时下比较流行的风格流派。

2.5.1　中式风格

　　传统中式风格主要选用具有古典元素造型的家具，在摆设上
讲求对称美。这种风格是根据传统建筑厚重规整、中轴线对称等理
论来制订的。中国传统建筑结构内容丰富，对现代装修有深刻的影
响。老年人及从事教育研究工作的知识分子热衷于中国传统装饰风
格。有选择地买一些仿制明清的
古典家具，能提升风格韵味。传
统中式风格的空间色彩沉着稳
重，但是色调会略显沉闷，对
此，适当配置一些色彩活跃、质
地柔顺的布艺装饰品于装修构件
和家具上，会让人感觉到清新明
快。（图2-54、图2-55）

　　现代中式风格又称为新中

图2-54　传统中式风格　挂置字画是中式
家居设计风格的代表

式风格，它将传统中式风格中的经典元素提炼出来，给传统家居文化注入了新的气息。以简洁、硬朗的直线条为特点，搭配板式家具与中式风格家具。饰品摆放比较自由，装饰主体可以是一些中国画，宫灯和紫砂陶等传统饰物。一些装饰画、盆栽之类的饰品作辅助饰品，在空间中能起到画龙点睛的作用。（图2-56、图2-57）

图2-55　传统中式风格　卧室床头挂字画和床头的红灯笼形成对比

图2-56　现代中式风格　直线装饰在空间中的使用，依然有对称美

图2-57　现代中式风格　盆栽和其他一些小装饰自由摆放

2.5.2　日式风格

日本传统风格的造型元素简约、干练，色彩平和，以米黄、白等浅色为主，家具陈设以茶几为中心，墙面上使用木质构件制作成方格形状，并与细方格木推拉门、窗相呼应，空间气氛朴素、文雅柔和。（图2-58、图2-59）

日式风格最重要的特点是自然，常以木、竹、树皮、草、泥土、石等作为主要装饰材料，既讲究材质的选用和结构的合理性，

做好准备，选择公司

专业设计，制定方案

询价报价，签订合同

精选选材，购买材料

标准工序，现场施工

选择配饰，推修保养

又充分地展示天然材质之美。木造部分只单纯地刨出木料的本色，再以镀金或铜的用具加以装饰，体现人与自然的融合。日式家居空间由格子推拉门扇和榻榻米组成，即室内家具小巧单一，尺度低矮，隔断以平方格造型的梭门为主。日式风格的空间意识极强，形成"小、精、巧"的模式，利用檐、龛空间，创造特定的幽柔润泽的光影。（图2-60、图2-61）

图2-58　日式风格　家居装修色调以素色为主，朴素柔和

图2-59　日式风格　家具陈设以茶几为中心，木质构件制作成方格形状

图2-60　日式风格　家具一般低矮，墙面上使用木质构件制作成方格形状

图2-61　日式风格　房间通透，与房外交流方便

　　在我国家居装修中，局部空间使用日式传统风格装修会别有一番情趣。可以将现代工艺和技法应用到日式风格装饰造型中，但在设计中也要考虑到家庭成员的生活特性，尤其是席地而坐，这种生

活起居方式并不适合每一个人。

2.5.3 东南亚风格

在东南亚风格的装饰中，室内所用的材料大多直接取自自然。东南亚地区由于炎热、潮湿的气候带来丰富的植物资源，木材、藤、竹成为室内装饰材料的首选。东南亚风格的家具大多采用橡木、柚木、杉木制作而成，色泽以原藤、原木的色调为主，在视觉感受上有泥土的质朴。在布艺色调的选用上，东南亚风格标志性的色彩多为深色系，且在光线下会变色，在沉稳中透着一点贵气，经过简约处理的传统家具同样能将这种情绪落实到细微之处。在卧室中配置一条艳丽轻柔的纱幔和几个色彩妩媚的泰式靠垫，再将绣花鞋标志性地搁在它所在的沙发下角，东南亚生活的闲情逸致立即凸显而出。（图2-62、图2-63）

图2-62　东南亚风格　茶几、木柜等家具颜色多为褐色等深色系

图2-63　东南亚风格　泰式靠枕作装饰是不错的选择

2.5.4 西方传统风格

1. 欧式古典风格

欧式古典风格主要是指西洋古典风格，它源于古希腊、古罗马的建筑装饰造型，强调以华丽的装饰、浓烈的色彩、精美的造型来

达到雍容华贵的装饰效果。欧式客厅顶部常设计大型灯池，并用华丽的枝形吊灯营造气氛。门窗上半部多做成圆弧形，并用带有花纹的石膏线勾边。入厅口处多竖起两根豪华的罗马柱，室内则有真正的壁炉或装饰壁炉造型。墙面最好采用壁纸，或选用彩色乳胶漆，以烘托豪华效果。地面材料多以石材或地板为主。欧式客厅非常需要用家具和软装饰来营造整体效果。深色的橡木或枫木家具，色彩鲜艳的布艺沙发，都是欧式客厅里的主角。浪漫的罗马帘，精美的油画，制作精良的雕塑工艺品，都是点染欧式风格不可缺少的元素。（图2-64、图2-65）

图2-64 欧式古典风格 大吊灯是凝聚风格的重心　　　图2-65 欧式古典风格 深色的家具和布艺沙发相匹配

家居装修小贴士

欧式古典风格特点

（1）门 欧式古典房间的门和各种柜门的花线较多，富有强烈的凹凸感，具有优美的弧线，这两种造型相互搭配，效果特别具有韵味。

（2）柱 欧式罗马柱是永恒的精髓，只要运用了罗马柱，就能使整个家居空间具有特别强烈的传统审美气息。

欧好准备，选择公司

专业设计，制定方案

明确报价，签订合同

精细选材，购买材料

标准上岗，规范施工

选择配饰，提高涵养

（3）壁炉　也是西方建筑的典型构造。现在壁炉可以购买电能产品，清洁环保，不失欧式格调。

（4）灯饰　市场上的灯饰几乎一半以上都具有欧式古典风格，即使是现代简约风格的灯饰，也具备一定的传统元素。灯饰的品种很多，价格参差不齐，也容易造成设计误解。欧式古典灯具要与欧式墙、顶面造型与欧式家具搭配使用，不能孤立地用于客厅、餐厅等开阔的空间，否则效果就很牵强。

（5）家具　欧式风格的家具要成套使用。有沙发、茶几，就应该有相应的壁柜；有餐桌、餐椅，就应该有相应的装饰酒柜。

2. 地中海风格

地中海风格的色彩非常丰富，它将白色、蓝色、红褐、土黄组合运用，在组合设计上注意空间搭配，充分利用每一寸空间，集装饰与应用于一体；在组合搭配上避免琐碎，显得大方、自然。家居还要注意绿化，爬藤类植物和小巧可爱的盆栽是常见的居家植物。地中海风格特征主要表现为拱门与半拱门、马蹄状的门窗。由于光照足，所有颜色的饱和度也很高，体现出色彩最绚烂的一面。但是家具尽量采用低彩度、线条简单且修边浑圆的木质家具；地面则多铺赤陶或石板。马赛克镶嵌、拼贴在地中海风格中算较为华丽的装饰，它主要利用小石子、瓷砖、贝类、玻璃片、玻璃珠等素材，切割后再进行创意组合。（图2-66、图2-67、图2-68）

图2-66　地中海风格　蓝色的墙面，白色的地面和顶面与清新的家具相呼应

图2-67　地中海风格　拱形门和清新的花
束是地中海风格的典型特征

图2-68　地中海风格　绿色盆栽放在客厅
画龙点睛

3. 田园风格

田园风格主要是表现出清新淡雅的效果，让人感觉悠闲舒适，

它是以田地与园圃的自然特征为依据，带有浓重的乡村艺术气息。由于人们对高品位生活向往的同时又对复古思潮有所怀念，田园风格受到很多业主的喜爱。不同的田园有不同的自然，进而也衍生出多种家居风格，中式的、欧式的，甚至还有南亚的，各有各的特色。欧式田园风格重在对自然的表现。欧式主要分英式和法式两种。前者的特色在于纯手工的制作的布艺，家具材质多使用松木、椿木，制作以及雕刻也全是纯手工的；后者的特色是家具的洗白处理和大胆配色。（图2-69、图2-70）

图2-69　田园风格　印花壁纸的墙面上挂
油画与深色家具是典型的欧式田园风格

图2-70　田园风格　白色的墙面上挂壁
画，印花沙发和浅色的地面相辉映

4. 美式乡村风格

美式乡村风格中非常重要的运用元素是布艺，主流是本色的棉麻。布艺的天然感与乡村风格能很好地协调。

美式乡村风格的色彩以自然色调为主，绿色、土褐色最为常见，壁纸多为纯纸浆质地，家具颜色多仿旧漆，式样厚重。美式乡村风格家居是美国西部乡村的生活方式演变到今日的一种形式，它在古典中带有一点随意，摒弃了过多的烦琐与奢华，兼具古典主义的优美造型与新古典主义的功能配备，既简洁明快，又温暖舒适。（图2-71、图2-72）

图2-71　美式乡村风格　棉麻线做成的靠枕

图2-72　美式田园风格　别具一格的装饰品设计

2.5.5　现代风格

现代简约风格的基本特点是简洁和实用。在装修中，着重考虑空间的组织和功能区的划分，追求最简洁的划分，极力反对装饰，有且只有在居室功能所必备的墙体、门窗上配装饰，在色彩上采用清新明快的色调。简约风格的装饰要素是金属灯罩、玻璃灯、高纯度色彩、线条简洁的家具等。其中家具强调功能性设计，线条简约流畅，色彩对比强烈。由于线条简单、装饰元素少，现代风格家具需要与完美的软装配合，才能显示出美感。（图2-73、图2-74）

图2-73　现代风格　简约大方的空间设
计，色调上明快清新

图2-74　现代风格　几何图案作床头
背景墙装饰

2.5.6　混搭风格

混搭风格是当今最普及的一种风格设计。室内装修及陈设既注

重实用性，又吸收中西方结合
起来的传统元素，但在处理格
调上应注意各种手法不宜过于夸
张，否则会显得零乱。业主要想
丰富自己的家居环境，混搭风格
是很好的选择，在处理上可选择
某一地域的文化艺术风格为主。
（图2-75）

图2-75　混搭风格　传统元素作为电视背
景墙与褐色的家具及现代化的照明灯混搭

家居装修小贴士

装修风格的流行趋势

（1）简约实用　家具及主体墙面的装饰构造以直线或曲线
形态的几何形为主，不再使用烦琐的细部线条，装饰风格整体
上趋向于简洁实用，注重功能性。（图2-76）

（2）可持续性发展　可持续性发展即为彼此之间相互重合、弹性利用留有余地。家居空间无论在固定隔断上，还是在装饰造型上，都具有可随时更新再利用的余地。（图2-77）

图2-76　线条　注重实用主义，空间布置简约大方

图2-77　再利用　餐厅和客厅之间可以重新划分利用

（3）清新环保自然　在功能空间划分中考虑到南北通风流向，保证室内空气流通顺畅。在设计、材料和施工上，凡是有利于环保、减少污染的都应被广泛采用。一些纯自然的麻、棉、毛、草、石等装饰材料适当进入户内，让人产生贴近自然的亲心感受。（图2-78）

（4）具有高科技含量　现在是信息化的时代，现代人对信息、网络的依赖性增大，在装修中应考虑到各功能区网线、电话线、音响线、监视器数据线的设置安装。此外，在家具、地板、吊顶、墙面材料上应该与时尚接轨，采用正在流行或即将出现的新产品、新工艺以满足新时代的生活方式。（图2-79）

图2-78　书房　书写方位正对窗口，
　　　　空气流通

图2-79　书房　书房内配电脑，现代
　　　　装修应该适合信息化时代的发展

第 ③ 章　明确报价，签订合同

　　预算报价其实是两个完全不同的概念。预算是指预先的价格计算，即装修工程还没有正式开始所做的价格计算，这种计算所用的方法和所得数据主要根据以往的装修经验。有的装饰公司经验丰富，预算价格与最终实际开销差不多，而有的公司担心算得不准，最后怕亏本，于是将价格抬得很高，加入了一定的风险金，而这种风险又不一定会发生，所以，风险金就演变成了利润，预算就演变成了报价。报给业主的价格往往要高于原始预算。现在，绝大多数装饰公司给业主提供的都是报价，这其中要隐含利润，如果将利润全盘托出，又怕业主接受不了，另找其他公司。所以，现在的价格计算只是习惯上称为预算而已，实际上就是报价。

3.1　预算报价

　　预算报价主要包括直接费和间接费两大部分，并且有严格的计算方法。自行选购材料不在预算报价中。装饰公司的预算单中一般不包含灯具、洁具、开关面板及大型五金饰件，这些成品件在市场上的单件价格浮动较大，这是因为品牌、生产地域、运输和供求关系不同而造成的较大差异。如果装饰公司提供上述成品件，装修业主非常容易就能识别真伪，无利润可图，因此多由业主自行选购，而自行选购材料不在预算报价中。（图3-1、图3-2）

　　直接费是指在装修工程中直接消耗在施工上的费用，主要包括人工费、材料费、机械费以及其他费用，一般根据设计图纸将全部工程量（m²、m、项）乘以该工程的各项单位价格，从而得出费用数据。间接费是装饰公司为组织设计施工而间接消耗的费用，主要包括管理费、计划利润、税金等，这部分费用是装饰公司为组织人员和材料而付出，不可替代。目前取费标准按不同装饰公司的资质

等级来设定，一般为直接费的8％～12％。（图3-3）

图3-1　预算报价参照表（1）　预算报价详细地描写在表格中供参考

序号	项目名称	单位	单价	材料工艺及说明
41	管道检修口	个	40	小木门，外贴防火板或装饰面板、批灰、紫雀漆2底3面。每口增加6元/㎡
42	防水处理	㎡	58	防水、防腐柔封面。涂3遍，按投影面积+周长×0.3计算
43	防白蚁	㎡	12	凡本结构底板涂刷期防白蚁药剂，按建筑面积计算
44	渣土回填	㎡	60	渣土填造，压实、平整，1:3水泥沙浆隔浆，剔槽，不含龙骨（厚度300mm以内）
45	进水管隐蔽工程改造	m	53	PP-R复合管，打槽、入墙、安装，不含水龙头
46	排水管隐蔽工程改造	m	30	PVC排水管，接头、配件、安装
47	电路工程改造（线管入墙）	m	29	BVR铜线，照明插座线路2.5mm²，空调线路4mm²，国标电视线、电话线、音响线、PVC绝缘管、标准底盒，不含开关、插板
48	电路工程改造（线管不入墙）	m	18	BVR铜线，照明插座线路2.5mm²，空调线路4mm²，国标电视线、电话线、音响线、PVC绝缘管、标准底盒，不含开关、插板
49	电路工程改造（线管入墙）	m	14	人工费，PVC绝缘管、底盒，不含电线、开关、插座。PVC绝缘管、底盒，不含电线、网络线
50	电路工程改造（线管不入墙）	m	11	人工费，PVC绝缘管、底盒，不含电线、开关、插座。PVC绝缘管、底盒、电话线、音响线、网络线
51	配电箱安装、移位	个	80	开洞口，安装固定，1:2.5水泥砂浆补嵌粉平。人工费、辅料
52	墙面防潮	㎡	8	群酸煤浆2遍，人工
53	木基层防潮	㎡	8	群酸煤浆2遍，人工
54	墙面批造	㎡	9	1:2.5水泥砂浆，人工
55	水泥砂浆找平	㎡	15	1:3水泥砂浆（厚度30mm以内），厚度每增加2mm单价增加2元
二、预框工程				
1	夹板吊平顶	㎡	100	U38-50系列轻钢龙骨，5厘板面，腻子填缝，纸带封缝（不含批灰、涂料、布纹）
2	夹板造型吊顶	㎡	150	U38-50系列轻钢龙骨局部木龙骨，5厘板面或九厘板面，腻子填缝，纸带封缝（不含批灰、涂料、布纹）
3	纸面石膏板平顶	㎡	90	U38-50系列轻钢龙骨，9mm厚纸面石膏板面，腻子填缝，接缝纸带封缝（不含批灰、涂料、布纹）

图3-2　预算报价参照表（2）　预算报价详细地描写在表格中供参考

基 础 部 分

序号	项目	单位	数量	材料费	人工费	辅料费	总价	工艺和主要材料说明及备注
	一、客厅							
1、	吊顶	m²	17.5	50.00	40.00	9.80	1746.50	1、采用轻钢龙骨基础框架（25×30㎜）；2、石膏板封面；3、工程量按投影面积计算。
2、	地砖铺设	m²	17.5	0.00	26.00	0.00	455.00	1:铺贴达到平整、添缝、清洁材料及人拼花另计(不含水泥、沙浆和主材)。
3、	顶面乳胶漆	m²	17.5	8.00	8.00	3.00	332.50	1、两遍腻子、砂纸带灯打磨，涂刷两遍乳胶漆。2、工程量按投影面积计算。
4、	墙面乳胶漆	m²	26.0	8.00	8.00	3.00	494.00	1、两遍腻子、砂纸带灯打磨，涂刷两遍乳胶漆。2、工程量按投影面积计算。
7、	电视背景墙	m²	10.8	50.00	60.00	9.80	1293.84	1、按设计要求施工制作。2、按实际平方计算。
	小 计：						4321.84	
	二、阳台							
1、	地砖铺设	m²	5.1	0.00	26.00	0.00	132.60	1:铺贴达到平整、添缝、清洁材料及人拼花另计(不含水泥、沙浆和主材)。
2、	墙砖铺设	m²	19.6	0.00	26.00	0.00	509.60	1:铺贴达到平整、添缝、清洁材料及人拼花另计(不含水泥、沙浆和主材)。
3、	吊顶	m²	5.1	150.00	30.00	0.00	933.30	
4、	防水	m²	5.1	39.00	30.00	0.00	351.90	聚氨酯防水涂料涂刷两遍，24H闭水试验。

图3-3 报价单 报价列表仅供参考

家居装修小贴士

装修预算计价方法

首先，计算出直接费，即所需的人工费、材料费、机械费及其他费之和。然后，就得出：管理费＝直接费×（8%～12%），计划利润＝直接费×（8%～12%），并算出合计＝直接费＋管理费＋计划利润。接着，可以得出：税金＝合计×（3.6%～3.8%）。最后，总价＝合计＋税金。

3.2 看清条例，签订合同

不管干什么事，一纸合同的法律效应总会让很多人安心。装修合同是业主维护自身合法权益的重要依据，是一项重要的法律活动。合同条款是否完善直接关系到发包方的切身利益，为了尽可能保护业主的合法利益，对装修合同中的相关条款应明确规定。

3.2.1 熟悉内容规避纠纷

1. 家装合同的主要内容

家装合同的主要内容一般包括：工程概况、合同各方的名称及各自的职责、工期、质量及验收、工程价款及结算、材料供应、安全生产和防火、资历和违约责任、争议或纠纷处理、其他约定、合同附件说明等。

近年来的装修合同都比较规范公正，很多省会城市都制订了标准装修合同，并且带有工商部门的批号。但是，也有些装饰公司仍在使用自己起草的装修合同，在条款上明显有利于自己，业主可以下载一份标准的合同与之对比，并且对合同中的每项条款认真检查，发现对自己不利的就要及时指出，让装饰公司修改。如果需对原合同进行变更的，业主必须与装饰公司协商一致，并签订书面的变更协议，与此相关的工期、工程预算及图纸都要做出变更，并经双方签字确认。（图3-4、图3-5）

图3-4　上海家居装修合同　下载一份上海家居装修合同与企业自定合同对比

图3-5　北京家居装修合同　下载一份北京家居装修合同与企业自定合同对比

2. 了解工程概况

工程概况是合同中最重要的部分，它包括工程名称、地点、承包方式、承包范围、工期、质量和合同造价。家装工程可以有多种承包方式，如承包设计和施工、承揽施工和材料供应、承揽施工及部分材料的选购、甲方供料乙方施工、只承接部分工程的施工等，方式不同，各方的工作内容就不同。经双方认可的预算报价、施工工艺、工程进度表、材料采购单、工程项目、设计图纸等都是装修合同的重要附件材料。（图3-6）

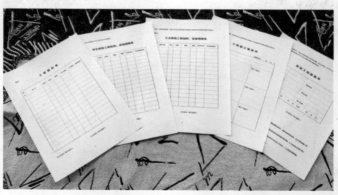

图3-6　附件　合同中的各种附件材料要完整

3.2.2　工程质量验收

1. 规定验收条款

合同中应对验收手续、验收顺延和验收时间做出明确的规定。
（图3-7、图3-8）

图3-7　验收　验收目标和周期要明确

图3-8　验收　开槽深度、宽度与管道是否相符

（1）验收手续　甲乙双方应及时办理隐蔽工程和中期工程的验收手续，如隔断墙、封包管线等。如果甲方没有按时参加验收，乙方可自行验收，甲方应予承认。若甲方要求复验，乙方应按要求复验，若复验合格，甲方应承担复验费用，由此造成的停工，可顺延工期。若复验不合格，费用由乙方承担，工期也应顺延。

（2）验收顺延　由于甲方提供的材料、设备质量不合格而影响的工程质量由甲方承担返工费，工期相应顺延；由乙方原因造成的质量事故返工费由乙方承担，工期不顺延。

（3）验收时间　工程竣工后，甲方在接到乙方通知3日内组织验收，办理移交手续。如未能在规定时间组织验收，应及时通知乙方，并应承认接到乙方通知3日后的日期为竣工日期，承担乙方的看管费用和相关费用。

2. 材料验收与使用

装饰工程的承包方式一般有全包、包清工、包工包辅料三种，不同的承包方式责任也不同。目前大部分装饰公司都建议业主选择包工包辅料的形式，那么在材料供应上，双方都应负一定的责任。业主要按约提供材料，并请装饰公司对自己提供的材料及时检验，并办理交接手续。装饰公司无权擅自更换装修户提供的材料，如果发现问题应及时协调，采取更换、替代等补救措施。对装饰公司提供的材料，装修户应进行检验，一旦装饰公司隐瞒材料，或者使用不符合约定标准的材料施工，业主有权要求重做，修理，更换，减少价款或赔偿损失等。（图3-9、图3-10）

图 3-9　材料摆放　装饰公司应对材料及时检验　　　　图 3-10　发票　检查材料是否符合约定标准

3. 施工管理

在预算报价中，装饰公司都会收取管理费，收了钱就应该负起责来。装修施工现场一般由项目经理负责协调，装饰公司还应该指派巡检员定期到场视察，同时也起到监理的作用。一般家装不会聘用第三方监理，因此，业主要在合同指出巡检员和设计师到场巡视的时间，这对工程的质量尤为重要。巡检员应该每隔 2～3 天到场1次。设计也应该 3～5 天到场1次，看看现场施工结果和自己的设计是否相符合，同时起到监督施工员的作用。（图3-11）

4. 质量验收标准

目前，各省市都制定了一些关于家装工程管理规定，如北京市的DBJ-T01-43-2003《家庭居室装饰工程质量验收标准》。在装修验收时，要以当地制定的工程质量验收标准为准，并在家居装饰合同中约定。如果当地没有相关标准，就应该参考其他城市已定的标准。如果合同中不做规定，一旦出了问题很难处理。（图3-12）

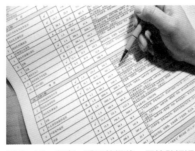

图 3-11　考察　看预算报价，用笔做标记

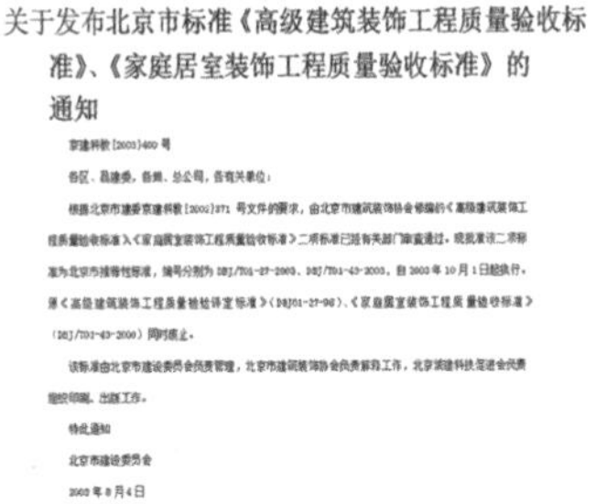

关于发布北京市标准《高级建筑装饰工程质量验收标准》、《家庭居室装饰工程质量验收标准》的通知

京建科教[2003]400号

各区、县建委，各局、总公司，各有关单位：

根据北京市建委京建科教[2002]371号文件的要求，由北京市建筑装饰协会修编的《高级建筑装饰工程质量验收标准》、《家庭居室装饰工程质量验收标准》二项标准已经有关部门审查通过，现批准该二项标准为北京市推荐性标准，编号分别为DBJ/T01-27-2003、DBJ/T01-43-2003，自2003年10月1日起执行。原《高级建筑装饰工程质量检验评定标准》（DBJ01-27-96）、《家庭居室装饰工程质量验收标准》（DBJ/T01-43-2000）同时废止。

该标准由北京市建设委员会负责管理，北京市建筑装饰协会负责解释工作，北京城建科技促进会负责组织印刷、出版工作。

特此通知

北京市建设委员会

2003年8月4日

图 3-12　标准书　北京市家居装修工程验收标准仅供参考

家居装修小贴士

工期与付款方式

100m² 的中档装修，工期在 35 天左右，装饰公司为了保险，一般会将工期约定到 45 ~ 50 天。付款方式在大多数装修合同中是约定首付 50%，木工验收合格后交纳 40%，完工后交纳 10%。很多业主认为，如果按照这样付款，在工期过了一半左右后，就已经向装饰公司交了 90% 的费用，如果装修的后期出了什么问题的话，担心在钱上面难以制约装饰公司了。

其实，这种担心没有必要，装饰公司的纯利就是最后的 20%。为了打消业主的疑虑，很多装饰公司也承诺先装修、后付款，但是会预先收取 2000 元的设计费，用这 2000 元去做水

电施工。水电工程的前期费用也就 2000 元左右，至于灯具、洁具安装要到验收时才展开。这 2000 元花得差不多了，装饰公司就会让业主验收，并交全部水电工程的费用。装饰公司再用这全部水电工程的费用去做墙地砖铺贴，依此类推，所以仍旧是先付款、后施工。而且采取这种方式还会延长工期，原本可以同步施工的项目，现在只能一项一项地做，没有不同工种地配合，还会造成材料浪费。如水电施工中要用到水泥封闭墙地面的线槽，如果同步施工，可以将剩余的水泥用到墙体改造或瓷砖铺贴中去。

要监控好装修质量，付款只是一个方面，关键在于前期要充分考察，合同中明确双方职责，相互信任才是工程质量的保证。

第 4 章　精细选材，购买材料

　　装饰材料是装修的根本。装修实际上是根据材料来实施的，装修最显著的效果就是满足装饰美感，室内外各基层面的装饰都是通过装饰材料的质感、色彩、线条样式来表现的。可以通过对这些样式的巧妙处理来改进家居空间，从而弥补原有建筑设计的不足，营造出理想的空间氛围和意境，美化我们的生活。选择适当的装饰材料对居室表面进行装饰，能够有效地提高建筑的耐久性，降低维修费用。不同部位和场合使用的装饰材料及构造方式应该满足相应的功能需求。

4.1 装饰石材

　　装修中不可避免的要用到石材，所以石材的选择很重要。常用的石材主要包括花岗岩、大理石和人造石三种。天然石材的历史很悠久，表面处理后可以获得优良的装饰性，对家居台柜、地面能起保护和装饰作用。很多人认为天然石材有辐射，不敢随便用，石材肯定是有辐射的，但是大多都在国家标注范围以内，可放心使用。

4.1.1 花岗岩

　　花岗岩一直以来都是属于较高档的装饰材料。它是一种全晶质天然岩石，主要成分是二氧化硅，矿物质成分有石英、长石和云母，密度大，抗压强度高，孔隙小，吸水率低，表面通常呈现灰色、黄色或深红色，表面纹理呈颗粒状。优质的花岗岩质地均匀，构造紧密，石英含量多而云母含量少，不含有害杂质，长石光泽明亮，无风化现象。花岗岩自重大，在装饰装修中增加了建筑的负荷，不宜在室内大面积使用。花岗岩石材的大小可随意加工，用于铺设室内地面的厚度为20～30mm，铺设家具台柜的厚度为18～20mm等。市场上零售的花岗岩宽度一般为600～650mm，长度在2～2.5m不等，价格[⊖]多为100～300元／m²。（图4-1、图4-2）

图4-1　花岗岩　天然石材，不易风化，颜色美观

图4-2　花岗岩　洗手台用花岗岩铺设，以磨光板为主，纹理清晰，表面光亮

4.1.2　大理石

　　大理石是碳酸类的变质岩，主要矿物质成分有方解石、蛇纹石和白云石等，石质地细密，抗压性较强，吸水率小，比较耐磨、耐弱酸碱，不变形。大理石与花岗岩相比，最大的特点是花色品种多，可以用于各部位的石材贴面装修，但是强度不及花岗岩。大理石能呈现红、黄、黑、绿、棕等各色斑纹，色泽肌理的装饰性极佳，具体规格和花岗岩一致，也可以订制加工。（图4-3、图4-4）

　　　⊖ 本书中的价格是指2016年北京、上海、广州三地建材市场上相应产品的平均价格。

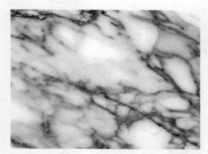

图 4-3 大理石 纹理大方美观、极富装饰性，是制作墙基、客厅地板的面料

图 4-4 大理石 大理石磨光后做建筑物的墙面

4.1.3 人造石

人造石是一种在经济性、选择性等方面均优于天然石材的合成石材。它主要是根据设计意图，利用有机材料或无机材料合成的人造石材，在家装中主要使用的是聚酯型人造石。

聚酯型人造石多是以不饱和聚酯为胶黏剂，与石英砂、大理石粉、方解石粉等拌和，浇铸成型，在固化剂的作用下产生固化作用，经过脱模、烘干、抛光等系列工序而制成的人造石。它具有天然花岗岩、大理石的色泽花纹，几乎能以假乱真。它的价格低廉，重量轻，吸水率低，抗压强度较高，抗污染性能优于天然石材，对醋、酱油、食用油、鞋油、机油、墨水等均不着色或十分轻微，耐久性和抗老化性较好，且具有良好的可加工性。（图4-5、图4-6、图4-7）

图4-5 人造石 石材颜色清纯不混浊，表面无塑料胶质感

图4-6　人造石　一般用于厨房台柜面

图4-7　人造石　用于卫生间地面铺砖

4.1.4　如何识别装饰石材

现在家居装修越来越多，需要的装饰石材也逐渐增多，但假冒伪劣产品层出不穷。我们可以通过以下几种方法辨别优劣真假。（图4-8、图4-9、图4-10、图4-11）

（1）观　仔细观察石材的表面。优质石材的质地很细腻，劣质石材的颗粒很粗，外观效果单一，纹理不生动，这样的石材抗压强度也不高，选择时要特别注意。

（2）量　仔细测量石材的尺寸规格，尤其是测量同一石板，不同部位的厚度。厚度差距较大这说明石材的加工工艺不高,是个体作坊生产，严重影响施工效果。

图4-8　辨别石材　优质石材表面质地很细腻

图4-9　辨别石材　量石材的尺寸、规格

图4-10　辨别石材　用小铁锤敲击石材表
　　　　　面听声音

图4-11　辨别石材　往石材表面滴饮料看
　　　　　是否很快散开

（3）听　用小铁锤敲击石材的表面，仔细倾听声音。优质石材的敲击声清脆、悦耳，相反，劣质石材的敲击声粗哑、沉闷，这是因为劣质石材内部存在显微裂隙，它们会影响石材正常使用。

（4）试　在石材背部滴上少许可乐饮料，如果饮料很快分散浸开，就表明石材内部颗粒松动或存在缝隙，石材质量不高，相反就是优质产品。

家居装修小贴士

石材的放射性

在《建筑材料放射性核素限量》（GB 6566—2010）中，石质建材按放射性比活度分为三类：A类，使用范围不受限制；B类，不可用于居室、内饰面，可用于其他建筑物内、外饰面；C类，可用于一切建筑物的外饰面。

消费者在购买石材装饰材料时一定要索查由国家技术监督局分析测试资格认证的"CMA放射性分析测试证书"及产品的适用范围。由于石材含放射性是不均匀的，同一岩体不同岩相带岩石的放射性核素含量会大不相同，抽样检查很难以偏概全。

但铺在居室内的石材，最好选用 A 类，而且每个品种都应该有相应的检验报告。

至于花岗岩，有少部分岩石是有放射性物质在里面的，但基本上放射性元素的含量是很低的，只有一些特殊的花岗岩，含量太高，才会对人体产生影响。总之是不用太过担心放射性问题的。

4.2 陶瓷墙地砖

陶瓷墙地砖是家装中必不可少的材料，其生产和应用具有悠久的历史，现在厨房、卫生间、阳台甚至客厅、走道等空间都大面积采用这种材料。在装饰技术发展和生活水平提高的今天，陶瓷制品的生产更加科学化、现代化，品种、花色多样，性能也更加优良。

4.2.1 釉面砖

釉面砖又称为陶瓷砖、瓷片或釉面陶土砖，是以黏土或高岭土为主要原料，加入助溶剂，经过研磨、烘干、烧结成型的陶制品。釉面砖由于釉料和生产工艺不同，一般分为彩色釉面砖、印花釉面砖等多种，是一种传统的卫生间、厨房墙面砖。由陶土烧制而成的釉面砖吸水率较高，质地较轻，强度较低，背面为红色；由瓷土烧制而成的釉面砖吸水率较低，质地较重，强度较高，背面为灰白色。

釉面砖主要用于厨房、卫生间、阳台等室内外的墙面、地面，具有易清洁、美观耐用、耐酸耐碱等特点。墙面砖规格一般为（长×宽×厚）250mm×330mm×6mm、300mm×450mm×6mm、300mm×600mm×8mm等。高档墙面砖还配有相当规格的腰线砖、踢脚线砖、顶脚线砖等，施有彩釉装饰，价格高昂，单片砖的价格

是普通砖的5～8倍。（图4-12、图4-13）

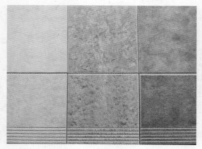

图4-12 釉面砖 正面有釉，色彩丰富，背面呈凸凹方格纹

图4-13 卫生间釉面砖 耐酸耐碱、易清洁，根据需要可以选择不同花色和图案

4.2.2 通体砖

通体砖是表面不施釉的陶瓷砖，正反两面的材质和色泽一致，只是正面有压印的花色纹理。通体砖表面具有一定的吸水功能，可以用于潮湿的环境，而且还很耐磨。

通体砖成本低廉，色彩多样，一般有单色装饰效果。目前的家居环境大多倾向于现代风格，为了提高它的装饰效果，现在出现了渗花通体砖等品种，但花色品种与装饰效果仍比不上釉面砖。通体砖中档产品的价格为50～80元／m²。（图4-14、图4-15）

图4-14 通体砖 色彩多样，表面不施釉

图4-15 地面通体砖 单色装饰效果，防滑耐磨，可根据需要选择

4.2.3 抛光砖

抛光砖即通体陶瓷砖，是通体砖中的一种，它是表面经过打磨而制成的一种光亮砖体。抛光砖外观光洁，质地坚硬耐磨，通过渗花技术可制成各种仿石、仿木效果，表面也可以加工成抛光、哑光、凹凸等效果。抛光砖虽然表面平滑光亮，但是在抛光时留下的凸凹气孔却容易藏污纳垢。因此，优质抛光砖都增加了一层防污层，也可在施工前打上水蜡以防止污染，在使用中也要注意保养。抛光砖一般用于相对高档的家居空间，商品名称很多，如铂金石、银玉石、钻影石、丽晶石、彩虹石等。规格（长×宽×厚）通常为500mm×500mm×6mm、600mm×600mm×8mm、800mm×800mm×10mm等，中档产品的价格为40～80元／m²。（图4-16、图4-17）

图4-16　抛光砖　表面光洁、坚硬耐磨，但容易渗入污染物

图4-17　抛光砖铺地　外观光洁，质地坚硬耐磨，多用于客厅地面铺设

4.2.4 玻化砖

玻化砖又称为全瓷砖，是采用优质高岭土在强化高温条件下烧制而成，质地为多晶材料，具有很高的强度和硬度，其表面光洁无需抛光，因此不存在抛光气孔的污染问题。不少玻化砖具有天然石材的质感，更具有高光度、高硬度、高耐磨、吸水率低、色差少等优点，其色彩、图案、光泽等都可以人为控制。玻化砖结合了欧式

做好准备，选择公司

专业设计，制定方案

明确报价，签订合同

精细选材，购买材料

标准工序，规范施工

选择配饰，维修保养

和中式风格，色彩多姿多样，无论装饰于室内或是室外，均为现代风格，而且它比大理石轻便。

玻化砖表面太光滑，稍有水滴就会使人摔跤，部分产地的高岭土辐射较高，购买时最好选择知名品牌。玻化砖尺寸规格一般较大，通常为（长×宽×厚）600mm×600mm×8mm、800mm×800mm×10mm、1000mm×1000mm×10mm、1200mm×1200mm×12mm，中档产品的价格为80～120元／m²。（图4-18、图4-19）

图4-18　玻化砖　吸水率低，硬度高，不容易有划痕

图4-19　玻化砖地面　没有明显色差，耐腐蚀，抗污性强，适合家居地面铺装

4.2.5　仿古砖

仿古砖其实就是上釉的瓷砖。在生产过程中，使用模具压印在普通瓷砖或玻化砖坯体上，铸成凹凸的纹理，再经过施釉烧制，就得到仿古砖。仿古砖仿造以往的样式做旧，用带着古朴典雅的独特韵味吸引人们的目光。为了体现怀旧感，仿古砖主要通过样式、颜色、图案，营造出怀旧的氛围。仿古砖的规格通常有（长×宽×厚）：300mm×300mm×6mm、600mm×600mm×8mm、300mm×600mm×8mm等，中档产品的价格为60～80元／m²。（图4-20、图4-21）

图4-20 仿古砖 青灰色的砖色营造出古朴典雅的风格，深受现代消费者的喜爱

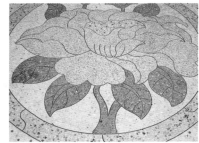

图4-21 古砖 仿古砖地面经济实惠，防滑防污，适合厨房卫生间等地方铺设

家居装修小贴士

陶瓷砖的识别方法

（1）观察外观 从包装箱内拿出多块砖，平整地放在地上，看砖体是否平整一致，对角处是否嵌接整齐，没有误差的就是上品。此外，优质产品图案纹理细腻，不同砖体表面没有明显的缺点、断线、错位等。再看背面颜色，玻化砖的背面应呈现出乳白色，而釉面砖的背面应该是土红色的。（图4-22）

（2）用尺测量 在铺贴时采取无缝铺贴工艺，这对瓷砖的尺寸要求很高，最好使用钢尺检测不同砖块的边长是否一致。（图4-23）

（3）提角敲击 用手指垂直提起陶瓷砖的边角，让瓷砖自然垂下，用另一手指关节部位轻敲瓷砖中下部，声音清亮响脆的是上品，而声音沉闷混浊的是下品。（图4-24）

（4）背部湿水 将瓷砖背部朝上，滴入少量水，如果水渍扩散面积较小则为上品，反之则为次品。因为优质陶瓷砖密度较高，吸水率低，强度好，而低劣陶瓷砖密度很低，吸水率高，强度差。（图4-25）

图 4-22　识别陶瓷砖　通过对比外观　　图4-23　识别陶瓷砖　通过卷尺测量
　　　　　来识别　　　　　　　　　　　　　来识别

图 4-24　识别陶瓷砖　通过敲击砖面　　图4-25　识别陶瓷砖　通过往砖面上
　　　　　听声音来识别　　　　　　　　　滴水来识别

4.3　装饰板材

　　装饰板材是装饰装修中使用频率最高的型材，它以统一的规格和丰富的品种被广泛地用于各种装饰构造，涵盖了整个装饰材料的全部。

4.3.1　木芯板

　　木芯板又称为细木工板，俗称大芯板，是由两片单板中间胶压拼接木板而成。中间木板是由优质天然的木板经热处理（即烘干窑烘干）后，加工成一定规格的木条，由拼板机拼接而成。拼接后的木板两面各覆盖两层优质单板，再经冷、热压机胶压后制成。它具有质轻、易加工、握钉力好、不变形等优点，是室内装修和高档家具制作的理想材料。现在木芯板的质量差异很大，在选购时要认真检查。木芯板的成品规格为（长×宽）2440mm×1220mm，厚度有15mm和18mm两种，E1级产品价格多在120～150元／张。（图4-26、图4-27）

图4-26　木芯板　成本较低，可用于制作货架、门窗套及装饰饰面基层骨架等

图4-27　木芯板　由一定规格的木条拼接后再被单板覆盖而成

4.3.2　指接板

指接板又称为实木板，它能在一定范围里替代传统的木芯板，成为现代装饰工程中的首选材料。指接板是将原木切割成长短不一的条状后通过锯齿型拼合，再经过压制而成的型材。由于原木条之间的接缝相互咬合，类似人的手指相互穿插，故称指接板。指接板表面平整，物理性能和力学性能良好，具有质坚、吸声、绝热等特点，而且含水率不高（在10%～13%之间），加工简便。指接板常用松木、杉木、桦木、杨木等树种制作，其中以杨木、桦木最好。这类板材的各向抗弯、抗压强度平均，质地密实，木质不软不硬，握钉力强，不易变形。指接板的成品规格为（长×宽）2440mm×1220mm，厚度有15mm（单层）和18mm（三层）两种，E1级产品的价格多在100～130元／张。（图4-28、图4-29）

图 4-28　指接板　表面平整，质地坚硬、吸声绝热，便于加工

图 4-29　指接板　指接板做木柜框架，不易变形

家居装修小贴士

指接板和木芯板的区别

　　指接板和木芯板都可以用于家具、构造制作，只是木芯板中的含胶量较大，甲醛含量也大，高档 E0 级环保产品的价格就特别高，大多都超过了 150 元／张。而指接板含胶较少，价格也低些，所以现在的大衣柜、储藏柜多用指接板制作柜体。为了防止变形，仍使用木芯板制作平开柜门和其他细部构造。

4.3.3　胶合板

　　胶合板又称为夹板，是将椴木、桦木、榉木、水曲柳、楠木、杨木等原木经过蒸煮软化后，沿着年轮悬切或刨切成大张单板，这些多层单板通过干燥后纵横交错排列，使相邻两单板的纤维相互垂直，再经加热胶压而成的一种人造板材。胶合板的外观平整美观，幅面大，收缩性小，可以弯曲，并能任意加工成各种形态。胶合板主要用于装修中木质制品的背板、底板。由于其厚薄尺寸多样，质地柔韧、易弯曲，也可以配合木芯板用于结构细腻处，弥补了木芯厚度均一的缺陷，或者用于制作隔墙、弧形天花、装饰门面板和墙

裙等构造。（图4-30、图4-31）

图4-30 胶合板 幅面大，可塑性强，适用于隔墙、弧形天花、装饰门面板、墙裙等构造

图4-31 胶合板 大截面层积梁有平直形、工字形、弧形、人字形等多种形状

4.3.4 薄木贴面板

薄木贴面板是胶合板的一种，全称为装饰单板贴面胶合板，它是将天然木材或科技木刨切成0.2～0.5mm厚的薄片，黏附于胶合板表面，然后热压而成，是一种用于室内装修或家具制造的表面材料。薄木贴面板具有花纹美丽、种类繁多、装饰性好、立体感强的特点，用于装修中家具及木制构件的外饰面，涂饰油漆后效果更佳。（图4-32、图 4-33）

图4-32 薄木贴面板 纹路像水波纹一样，有流动感

图4-33 薄木贴面板 水曲柳纹路复杂，可做吊顶龙骨外沿装饰

做好准备：选择公司

专业设计，制定方案

明确报价，签订合同

精细选材，购买材料

标准工序，规范施工

选择饰品，准修饰品

━━━━━━━━ **家居装修小贴士** ━━━━━━━━

薄木贴面板的选购

薄木贴面板一般分为天然板和科技板两种。

天然薄木贴面板采用名贵木材，如枫木、榉木、橡木、胡桃木、樱桃木、影木、檀木等，经过热处理后刨切或半圆旋切而成，压合并粘接在胶合板上。天然薄木贴面板纹理清晰、质地真实、价格较高，根据不同树种来定价，一般都在60元／张以上。

科技板表面装饰层则为人工机械印刷品，易褪色、变色，但是价格较低，也有很大的市场需求量，但是用在朝阳的房间里，容易褪色。科技板的价格多在30～40元／张左右。

薄木贴面板的规格为（长×宽×厚）2440mm×1220mm×3mm。选购时可以使用砂纸轻轻打磨边角，观测是否褪色或变色，即可鉴定该贴面板的质量。

4.3.5 纤维板

纤维板又称为密度板，是将森林采伐后的剩余木材、竹材和农作物秸秆等下脚废料研磨成碎屑后，加入添加剂和胶黏剂，通过板坯铸造成型的板材。纤维板构造致密，隔音、隔热、绝缘和抗弯曲性较好，生产原料来源广泛，成本低廉，但是对加工精度和工艺要求高。纤维板成型的压力不同，致密程度也不同，分为软质纤维板、中质纤维板和硬质纤维板。一般型材规格（长×宽）为2440mm×1220mm，厚度为3mm～25mm不等，价格也因此不同。（图4-34、图4-35）

图4-34　纤维板　内部结构均匀，机械加工性能好、易于雕刻及制作成各种型面、形状的部件

图4-35　纤维板　应用于家居装修中的家具贴面、门窗饰面、墙顶面装饰等领域

家居装修小贴士

中密度纤维板的选择

　　选购中密度纤维板时应注意外观。优质板材应该特别平整，厚度、密度应该均匀，边角没有破损，没有分层、鼓包、碳化等现象，无松软部分。如果条件允许，可锯一小块中密度纤维板放在水温为20℃的水中浸泡24小时，观其厚度变化，同时观察板面有没有小鼓包。厚度变化大，板面有小鼓包，说明板面防水性差。还可以用嗅觉闻，因为气味越大，说明甲醛释放量就越高，造成的污染也就越大。

4.3.6　刨花板

　　刨花板又叫微粒板、蔗渣板，也有进口高档产品称为欧松板。它是由木材或其他木质纤维素材料制成的碎料，施加胶黏剂后在热力和压力作用下胶合而成的人造板，主要有普通刨花板和定向刨花板两种。

刨花板根据表面状况分未饰面刨花板和饰面刨花板两种。现在用于制作衣柜的刨花板都有饰面。板芯与饰面层的接触应该特别紧密、均匀，不能有任何缺口，用手抚摸未饰面刨花板的表面时，应该感觉比较平整，无木纤维毛刺。刨花板在裁板时容易造成参差不齐的现象，所以部分工艺对加工设备要求较高，不宜现场制作。刨花板的规格为（长×宽）2440mm×1220mm，厚度为3～75mm不等，常见的19mm厚覆塑刨花板价格为80～120元／张。（图4-36、图4-37）

图4-36　刨花板　不易变形，握钉力强，但不能做弯曲处理

图4-37　刨花板　边缘粗糙，容易吸湿，用刨花板制作家具时注意封边

4.3.7　地板

地板主要分为实木地板、实木复合地板、强化复合木地板、竹地板四种，各种类型地板的性能需要正确认识。

1. 实木地板

实木地板是将天然木材加工处理后制成的条板或块状的地面铺设材料。实木地板对树种的要求相对较高，档次也由树种拉开。优质实木地板应该具有自重轻、弹性好、构造简单、施工方便等优点。但是实木地板存在怕酸、怕碱、易燃的弱点，所以一般只用在卧室、书房、起居室等室内地面的铺设。实木地板的规格根据不同树种来订制，宽度为90～120mm，长度为450～900mm，厚度为12～25mm。优质实木地板表面经过烤漆处理，应具备不变形、不开裂的性能。含水率均控制在10％～15％，中档实木地板的价格一般为300～600元／㎡。（图4-38）

图4-38 实木地板 自重轻、弹性好、环保且施工方便，适用于家居装修地面铺设

家居装修小贴士

实木地板的样式

（1）条形木地板 按一定的走向、图案铺设于地面。条形木地板接缝处有平口与企口之分。平口就是上下、前后、左右六面平齐的木条。企口就是以专用设备将木条的断面加工成榫槽状，便于固定安装。条形木地板的优点是：铺设图案选择余地大，企口便于施工铺设。缺点是：工序多，操作难度大，难免粗糙。

（2）拼花木地板 事先按一定图案、规格，在设备良好的车间里，将几块（一般是四块）条形木地板拼装完毕，呈正方形。消费者购买后，可将拼花形的板块再拼铺在地面或墙面上。这种地板的拼装程序使得质量有了一定的保证，方便了施工。但由于地板已事先拼装，故对地面的平整要求较高。（图4-39）

图4-39 拼花木地板 花形、图案多样，铺装时对地面平整度要求高

2. 实木复合地板

实木复合地板是用珍贵木材或木材中的优质部分以及其他装饰性强的材料做表层，材质较差或质地较差部分的竹、木材料做中层或底层，经高温高压制成的多层结构的地板。

实木复合地板不仅充分利用了优质材料，提高了制品的装饰性，而且所采用的加工工艺也不同程度地提高了产品的力学性能。高档次的实木复合地板表面多采用UV哑光漆，这种漆是经过紫外线固化的，耐磨性能非常好。实木复合地板的规格与实木地板相当，有的产品是拼接的，规格可能会大些，但是价格要比实木地板低，中档产品一般为200～400元／m²。（图4-40、图4-41）

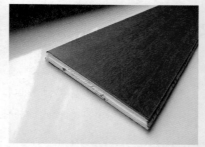

图 4-40　实木复合地板　经济实惠、不易　　　图 4-41　实木复合地板　加工精度高，结
　　　　损害、环保且易打理　　　　　　　　　　　　　构稳定，安装效果好

3. 强化复合木地板

强化复合木地板是由多层不同材料复合而成，具有较好的尺寸稳定性。强化复合木地板表面耐磨度为实木地板的10～30倍，其次是产品的内结合强度、表面胶合强度和冲击韧性等力学强度都比较好，此外，还具有良好的耐污染腐蚀、抗紫外线光、耐香烟灼烧等性能。但是地板中所包含的胶黏剂较多，游离甲醛释放导致环境污染的问题要引起高度重视。强化复合木地板的规格：长度为900～1500mm，宽度为180～350mm，厚度分别为6～15mm。厚度越高，价格也相对越

高，中档产品一般为80～120元／㎡。（图4-42、图4-43）

图4-42 强化复合木地板 耐磨、纹理色彩丰富，设计感较强

图4-43 强化复合木地板 抗冲击、抗静电，适用于有地暖系统的家居装修

4. 竹地板

竹地板是竹子经处理后制成的地板。它的优点有：竹材的组织结构细密，材质坚硬，具有较好的弹性，脚感舒适，装饰自然而大方；尺寸稳定性高，力学强度比木材高，耐磨性好；色泽淡雅，色差小，纹理通直，很有规律。由于竹材中空、多节，头尾材质、径级变化大，在加工中需去掉许多部分，竹材利用率往往仅20％～30％，此外，竹地板对竹材的竹龄有一定要求，需3～4年以上，在一定程度上限制了原料的来源。因此，产品价格较高，中档产品一般为150～300元／㎡。（图4-44、图4-45）

图4-44 竹地板 色差小，自然色，纹理分布有规律

图4-45 竹地板 竹子导热系数低，自身不生凉放热，适合于地面及墙壁装饰

4.3.8 防火板

防火板又名耐火板，原名为热固性树脂浸渍纸高压装饰层积板，一般由表层纸、色纸、基纸（多层牛皮纸）三层构成，是由原纸（钛粉纸、牛皮纸）经过三聚氰胺与酚醛树脂的浸渍工艺，在高温高压环境中制成的，优质产品表面还有塑料覆膜，待施工结束后揭开。防火板具有防水、耐磨、耐热、表面硬、易脆、表面不易被污染、不易褪色、容易保养及不产生静电等优点。防火板有丰富的表面色彩及纹路，多数为高光色，表面平整光滑、耐磨，也有呈麻纹状、雕状，一般应用于厨房橱柜的柜门贴面装饰。防火板的质量差异不大，0.8mm厚的产品价格一般为20～30元／张。（图4-46、图4-47）

图4-46　防火板　贴面装饰处理灵活，花色多，选择余地大

图4-47　防火板　耐磨、耐划、耐腐蚀，用于家居装修贴面装饰

4.3.9 铝塑板

铝塑板全称铝塑复合板，是采用高纯度铝片和PE聚乙烯树脂，经过高温高压一次性构成的复合装饰板材，外部经过特种工艺喷涂塑料，色彩艳丽丰富，长期使用不褪色。铝塑板主要用于铺贴面积较大的家具、构造表面，基层需用木芯板制作，再涂刷专用胶水粘贴。（图4-48、图4-49）

铝塑板规格为（长×宽）2440mm×1220mm，分为单面和双面两种。单面铝塑板的厚度一般为3mm、4mm，价格为40～50元/张，双面铝塑板的厚度为5mm、6mm、8mm。室外用铝塑复合板厚度为4～6mm，最薄应为4mm，上下均为0.5mm铝板，中间夹层为PE（聚乙烯）或PVC（聚氯乙烯），夹层厚度为3～5mm，价格为80～120元/张。

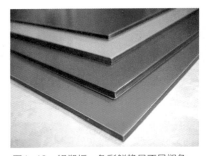
图4-48 铝塑板 色彩鲜艳且不易褪色、价格实惠，用于隔墙装饰

图4-49 铝塑板 表面平整度高，可用作客厅电视背景墙装饰

4.3.10 阳光板

阳光板是采用聚碳酸酯（PC）合成着色剂开发出来的一种新型室内外顶棚材料。其中心成条状气孔，在现代装饰装修中用于室内透光吊顶、室外阳台等地方，一般采用不锈钢、实木或塑钢作框架，还可以制作成衣柜的梭拉门。阳光板透光、保温、质轻、易弯曲、节能、安全、方便。可以取代玻璃、钢板、石棉瓦等传统材料。阳光板的规格多为（长×宽）2440mm×1220mm，厚度为4～6mm，价格为60～100元/张。（图4-50、图4-51）

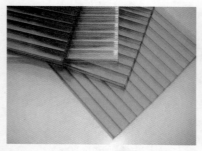

图4-50 阳光板 主要有白色、绿色、蓝色、棕色等样式，成透明或半透明状

图4-51 阳光板 阳光板搭建阳台，传热系数低，隔热性好

4.3.11 有机玻璃板

有机玻璃板又称为亚克力，是透光率最高的一种塑料。它机械强度较高，有一定的耐热耐寒性，耐腐蚀，绝缘性能良好，尺寸稳定，易于成型，但是质地较脆，易溶于有机溶剂，表面硬度不够，容易擦毛。目前，有机玻璃板广泛地用作装修中门窗玻璃的代用品，尤其是用在容易破碎的场合。此外，有机玻璃板还可以用在室内墙板、装饰台柜和灯具等构造上（图4-52）。

图4-52 有机玻璃板 用作家居装修中门窗玻璃的代用品

4.3.12 纸面石膏板

纸面石膏板是以半水石膏和护面纸为主要原料，掺入适量的纤维、胶黏剂、促凝剂、缓凝剂，经料浆配制、成型、切割、烘干而制成的轻质薄板，主要用于吊顶、隔墙等构造制作。

石膏板一般使用护面纸包裹边角。普通纸面石膏板又分防火和防水两种，市场上所售卖的型材大多兼具两种功能。普通纸面石膏板的规格为（长×宽）2440mm×1220mm，厚度有9mm和12mm，其中厚9mm的产品价格为20元／张。（图4-53、图4-54）

图4-53　纸面石膏板　隔音绝热和防火性能好，可做厨房墙壁的衬板

图4-54　纸面石膏板　质地轻，易于加工，用于吊顶构造制作

家居装修小贴士

纸面石膏板的识别方法

识别纸面石膏板可以在 0.5m 远处光照明亮的条件下进行。

首先观察表面，表面应平整光滑，不能有气孔、污痕、裂纹、缺角、色彩不均和图案不完整现象，纸面石膏板上下两层护面纸需结实。然后观察侧面，石膏的质地是否密实，有没有空鼓现象，越密实的石膏板越耐用。

接着，用手敲击，发出很实的声音说明石膏板严实耐用，如发出很空的声音说明板内有空鼓现象，且质地不好。用手掂分量也可以衡量石膏板的优劣。

最后随机找几张板材，在端头露出石膏芯和护面纸的地方用手揭护面纸，如果揭的地方护面纸出现层间撕开，表明板材的护面纸与石膏芯黏结良好。如果护面纸与石膏芯层间出现撕裂，则表明板材黏结不良。

做好准备，选择公司

专业设计，制定方案

明确报价，签订合同

精细选材，购买材料

标准工序，规范施工

选择配饰，推进安装

4.3.13 木丝水泥板

木丝水泥板是以水泥、草木纤维与胶黏剂混合加工而成的，是一种绿色环保材料，外观颜色与水泥墙面一致。木丝水泥板具有密度轻、强度大、防火性能和隔音效果好，板面平整度好等特性，施工方便，钉子的吊挂能力好，手锯就可以直接加工。木丝水泥板可以用于钢结构外包装饰、墙面装饰、地面铺设等领域。木丝水泥板的规格为（长×宽）2440mm×1220mm，厚度为6～30mm，特殊规格可以预制加工，厚10mm的产品价格约为100元／张。（图4-55、图4-56）

图 4-55　木丝水泥板　表面平整，颜色清灰，看起来像水泥混凝土　图 4-56　木丝水泥板　结构紧密，持久耐用，可做墙体

除了材料本身，木丝水泥板施工过程中可以不用制作基层板，而直接固定在龙骨上或者墙面上（墙面平整度要好），甚至内墙吊顶无须做表面处理。施工中，小块造型可以使用胶水粘接，大块水泥板先用1mm的钻头钻孔，然后用射钉枪固定，喷1～2遍的水性哑光漆，待干即可。

4.3.14 吊顶扣板

吊顶扣板主要有塑料扣板和金属扣板两种。

1. 塑料扣板

塑料扣板又称为PVC板，是以聚氯乙烯树脂为基料，加入增塑剂、稳定剂、染色剂后经过挤压而成的板材，它具有重量轻、安装简便，并且耐污染、好清洗等特点。塑料扣板的使用寿命相对较短，但价格特别低，如果业主的动手能力强，可以间隔3～5年更换一次。现在也有加厚的塑料扣板，又称为塑钢扣板，整体质量不比金属扣板差。塑料扣板外观呈长条状居多，条型扣板宽度为200～450mm不等，长度一般有3m和6m两种，厚度为1.2～4mm，价格为15～40元/m²。（图4-57）

图4-57 塑料扣板 板材表面光滑，色彩鲜艳，耐水防腐蚀

2. 金属扣板

金属扣板一般以铝制板材和不锈钢板材居多，表面通过吸塑、喷涂、抛光等工艺，光洁艳丽，色彩丰富，并逐渐取代塑料扣板。金属扣板耐久性强，不易变形、开裂，也可用于大面积卫生间吊顶装修。金属扣板外观形态以长条状和方块状为主，均由0.6mm或0.8mm厚的金属板材压模成型，方块型材规格多为（长×宽）300mm×300mm，中档产品价格为80～120元/m²。（图4-58）

图4-58 金属扣板 耐久性强，不易变形、开裂，以铝制板材和不锈钢板材居多

家居装修小贴士

选购吊顶扣板

选购塑料吊顶型材时，主要目测外观质量：板面应该平整光滑，无裂纹，能拆装自如，表面有光泽而无划痕，用手敲击板面声音清脆。

选购金属扣板，例如铝扣板吊顶时，首先要注意观测产品的涂层或覆膜的厚度、基板厚度。家用铝扣板一般达到 0.6mm 就足够了。其次，看工艺，工艺较好的铝扣板都是采用覆膜的方式。覆膜铝扣板表面具有一层 PUC 膜，能使表面粘贴牢固、无起皱、刮花等优点。最后看材质，挑选时注意用手指弹击铝扣板，材质较好的铝扣板金属声音比较明显、清脆，材质较差的发闷，金属声音不明显。

同时，由于扣板是半成品，需要专业的安装才能使用。因此选择品牌信誉好的产品也能保证产品的质量和售前售后服务。

4.4 装饰玻璃

装饰玻璃是以石英、纯碱、长石、石灰石等物质为主要材料，在1550～1600℃高温下熔融成型，经急冷而制成的固体材料。在装修迅速发展的今天，玻璃由过去主要用于采光的单一功能向着装饰、隔热、保湿等多功能方向发展，已经成为一种重要装饰材料。

4.4.1 平板玻璃

平板玻璃又称为白片玻璃或净片玻璃，是未经过加工的，表面平整而光滑的，具有高度透明性能的板状玻璃的总称，是装修中用量最大的玻璃品种，是可以作为进一步加工，成为各种技术玻璃的基础材料。

普通平板玻璃在装饰领域主要用于装饰品陈列、家具构造、门窗等部位，起到透光、挡风和保温作用。平板玻璃的质量稳定，产量大，生产的玻璃一般不应小于1000mm×1200mm，最大可以达到3000mm×4000mm。玻璃的厚度有0.5～25mm多种，一般厚5～6mm。质地较好的玻璃应该偏绿，透光性好，从斜侧面看玻璃背后的景物应该没有模糊、失真的效果。5mm厚的平板玻璃价格为30元／m²，裁切时要加入20％的损耗。（图4-59、图4-60）

图4-59　平板玻璃　表面平整光滑、耐高温、透明度好

图4-60　平板玻璃　应用于阳台窗户等小面积透光造型中

4.4.2　钢化玻璃

钢化玻璃又称为安全玻璃，它是将普通平板玻璃通过加热到一定温度后再迅速冷却而得到的玻璃。钢化玻璃特性是强度高，其抗弯曲强度、耐冲击强度比普通平板玻璃高4～5倍。钢化玻璃一般厚度为6～12mm，价格一般是同等规格普通平板玻璃的两倍。钢化玻璃用途很多，主要用于玻璃幕墙、无框玻璃门窗、弧形玻璃家具等方面。目前，厚度8mm以上的玻璃一般都是钢化玻璃，10～12mm的钢化玻璃使用得最多。（图4-61、图4-62）

图4-61 钢化玻璃 强度高、抗弯曲、耐冲击

图4-62 钢化玻璃 可做圆形餐桌玻璃转盘

4.4.3 磨砂玻璃

磨砂玻璃又称为毛玻璃，它是在平板玻璃的基础上加工而成的。一般使用机械喷砂或手工碾磨，将玻璃表面处理成均匀毛面，使之表面朦胧、雅致，具有透光不透形的特点，能使室内光线柔和不刺眼。磨砂玻璃有多种规格，可以根据使用环境现场加工。它主要用于装饰灯罩、玻璃屏风、梭拉门、柜门、卫生间门窗等。（图4-63、图4-64）

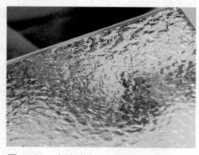

图4-63 磨砂玻璃 表面朦胧、雅致，透光不透形

图4-64 磨砂玻璃 磨砂玻璃浴室门，能使室内光线柔和不刺眼

5mm厚的双面磨砂玻璃价格为35元／m²，单面磨砂玻璃价格为40元／m²，单面的比双单的要贵，这是因为单面磨砂玻璃对磨砂的平整度要求较高。单面磨砂玻璃一般用于厨房推拉门，可以将光滑

的一面置于厨房一侧，防止油烟吸附在玻璃上。磨砂玻璃裁切时也需要加入20％的损耗。

4.4.4 压花玻璃

压花玻璃又称为花纹玻璃或滚花玻璃，它是由熔融的玻璃浆在冷却中经过带图案花纹的辊轴辊压制成的。压花玻璃的性能基本与普通透明平板玻璃相同，但是具有透光不透形的特点。其表面压有各种图案花纹，所以具有良好的装饰性，给人素雅清新、富丽堂皇的感觉，并具有隐私的屏护作用和一定的透视装饰效果。（图4-65、图4-66）

压花玻璃厚度一般只有3mm和5mm两种，以5mm厚度为主要规格，用于玻璃柜门、卫生间门窗等部位。5mm厚的压花玻璃价格为35～60元／㎡不等，具体价格根据花型来定，裁切时要加入20％的损耗。

图4-65　压花玻璃　透光而不透视的特点，具有私密性

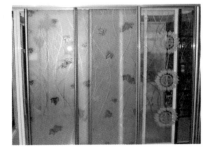

图4-66　压花玻璃　广泛用于门窗、隔断等家居装修中

4.4.5 雕花玻璃

雕花玻璃又称为雕刻玻璃，是在普通平板玻璃上，用机械或化学方法雕刻出图案或花纹的玻璃。雕花图案透光不透形，有立体感，层次分明，效果高雅。

雕花玻璃可以配合喷砂效果来处理，图形、图案丰富。在家居装修中，使用雕花玻璃显得很有品位，所绘的图案一般都具有个性创意，能够反映主人的情趣和对美好事物的追求。雕花玻璃一般根据图样订制加工，常用厚度为3mm、5mm、6mm，尺寸和价格根据花型和加工工艺来定。（图4-67、图4-68）

图 4-67　雕花玻璃　正面看起来有凹凸感，有立体感

图 4-68　雕花玻璃　在玻璃上雕出浅坑，有平面的感觉，一般用于推拉门等

4.4.6　夹层玻璃

夹层玻璃是在两片或多片平板玻璃之间，嵌夹透明塑料薄片，再经过热压黏合而成的平面或弯曲的复合玻璃制品，也是一种安全玻璃。夹层玻璃的主要特性是安全性好，抗冲击强度优于普通平板玻璃，防护性好，并有耐光、耐热、耐湿、耐寒、隔声等特殊功能。夹层玻璃属于复合材料，可以使用钢化玻璃、彩釉玻璃来加工，甚至在中间夹上碎裂的玻璃，形成不同的装饰形态。复合材料类的夹层玻璃具有可设计性，即可以根据性能要求，自主设计或构造某种最新的使用形式，如隔声夹层玻璃、防紫外线夹层玻璃、遮阳夹层玻璃、电热夹层玻璃、金属丝夹层玻璃、吸波型夹层玻璃、防弹夹层玻璃等品种。夹层玻璃的厚度根据品种不同，一般厚度为8～25mm，规格为800mm×1000mm、850mm×1800mm。夹层玻璃多用于与室外接壤的门窗、幕墙，起到隔音、保温的作用。（图4-69、图4-70）

图 4-69　夹层玻璃　玻璃和中间膜永久粘
合为一体的复合玻璃产品

图 4-70　夹层玻璃　厨房门使用夹层玻璃
制作可将噪声、油烟隔离

4.4.7　中空玻璃

中空玻璃是由两片或多片平板玻璃构成，用金属边框隔开，四周用胶接、焊接或熔接的方式密封，中间充入干燥空气或其他惰性气体。玻璃片中间留有空腔，因此具有良好的保温、隔热、隔声等性能。如果在空腔中充以各种漫射光线的材料或介质，则可获得更好的声控、光控、隔热等效果。中空玻璃主要用于公共空间、家居装修中需要采暖、空调、防噪、防露的地方，其光学性能、导热系数、隔音系数均应该符合国家标准。（图4-71、图4-72）

图 4-71　中空玻璃　具有良好的隔热、隔
音效果，美观实用

图 4-72　中空玻璃　中空玻璃窗应用比较
广泛

4.4.8 彩釉玻璃

彩釉玻璃是将无机釉料（油墨），印刷到玻璃表面，然后经烘干，钢化或热化加工处理，将釉料永久烧结于玻璃表面而得到的一种耐磨、耐酸碱的装饰性玻璃产品。这种玻璃具有很高的功能性和装饰性，它有许多不同的颜色和花纹，如条状、网状和电状图案等，也可以根据客户的不同需要另行设计花纹。

彩釉玻璃采用的玻璃基板一般为平板玻璃和压花玻璃，厚度一般为5mm，价格在80元／m²以上。彩釉玻璃一般用于装饰背景墙或家具构造局部点缀，且应根据花形、色彩品种而不同来使用。（图4-73）

图4-73　彩釉玻璃　不易脱落，光泽度高、耐老化、易清洁。

4.4.9 玻璃砖

玻璃砖又称为特厚玻璃，有空心砖和实心砖两种，其中空心砖使用最多。空心玻璃砖以烧熔的方式将两片玻璃胶合在一起，再用白色胶搅和水泥将边隙密合，可依玻璃砖的尺寸、大小、花样、颜色来做不同的设计表现。空心玻璃砖不仅可以用于砌筑透光性较强的墙壁、隔断、淋浴间等，还可以用于外墙或室内间隔，为使用空间提供良好的采光效果，并有延续空间的感觉。玻璃砖的边长规格一般为190mm，厚度为80mm，价格为12～20元／块。（图4-74、图4-75）

图4-74 玻璃砖 作为结构材料，一般不
作为装饰材料

图4-75 玻璃砖 装修成墙体，营造琳琅
满目的感觉，显档次

家居装修小贴士

鉴别玻璃砖的方法

空心玻璃砖的玻璃体之间不能存在的熔接与胶接不良，玻璃砖的外观不能有裂纹，玻璃坯体中不能有未熔物，目测砖体不应有波纹、气泡及由玻璃坯体中的不均物质所产生的条纹。玻璃砖的大面外表面内凹应不大于1mm，外凸应不大于2mm，重量应符合质量标准，无表面翘曲及缺口、毛刺等质量缺陷，角度要方正。

4.4.10 玻璃锦砖

玻璃锦砖又称为玻璃马赛克，是由硅酸盐、玻璃粉等在高温下熔化烧结而成的。玻璃锦砖一般由数十块小砖拼贴而成，小片玻璃形态多样，形态小巧玲珑，具有防滑、耐磨、不吸水、耐酸碱、抗腐蚀、色彩丰富等特点。

玻璃锦砖被广泛地使用于室内、室外大小幅墙面和地面。玻璃锦砖常见规格为（长×宽）300mm×300mm，厚度一般为4mm左右。马赛克体积较小，可以做一些拼图，产生渐变的装饰效果。玻璃锦砖价格较高，普通彩色玻璃锦砖价格为10~30元／片。（图4-76）

图4-76　玻璃锦砖　质轻、耐腐蚀、不变色，可铺贴在防水层处

4.5 油漆涂料

油漆涂料在我国传统行业内都称为油漆。这种材料可以用不同的施工工艺涂覆在物件表面，形成黏附牢固、具有一定强度和连续性的固态薄膜，这样形成的膜通称为涂膜，又称为漆膜或涂层。

4.5.1 调和漆

现代调和漆是一种高级油漆，一般用作饰面漆，它在生产过程中已经经过调和处理，可直接用于装饰工程施工的涂刷。目前，家装中使用最多的就是水性漆和硝基漆。

1. 水性漆

水性漆以水作为稀释剂的调和漆，它无毒环保，不含苯类等有害溶剂，施工简单方便，不易出现气泡、颗粒等油性漆常见毛病，且漆膜手感好，耐水性优良，不燃烧，并且可与乳胶漆等其他油漆同时施工，但是部分水性漆的硬度不高，容易出划痕。（图4-77、图4-78）

图4-77 水性木器漆 耐磨、抗化学性强、低危害、低污染，但硬度差、耐高温性差

图4-78 水性聚酯漆 耐磨性强、安全、环保，不易变色，是水性漆中的高级产品

2. 硝基漆

硝基漆是一种由硝化棉、醇酸树脂、增塑剂及有机溶剂调制而成的透明漆，属挥发性油漆，具有干燥快、光泽柔和等特点。硝基清漆分为亮光、半哑光和哑光三种，可根据需要选用。硝基漆主要用于木器及家具的涂装、金属涂装、一般水泥涂装等方面。（图4-79）

图4-79 硝基漆 干燥快，装饰性好，施工简便，修补容易

4.5.2 乳胶漆

乳胶漆又称为乳胶涂料、合成树脂乳液涂料，是目前比较流行的内、外墙建筑涂料。传统用于涂刷内墙的石灰水、大白粉等材料，由于水性差、质地疏松、易起粉，已被乳胶漆逐步替代。乳胶漆与普通油漆不同，它以水为介质进行稀释和分解，无毒无害，不污染环境。乳胶漆有多种色彩和光泽，装饰效果清新、淡雅。（图4-80、图4-81）

图4-80　乳胶漆涂抹　施工工艺简便，消
费者可自己动手涂刷

图4-81　哑光内墙乳胶漆　用于墙面的
漆，无毒无害，涂饰完成后手感细腻光滑

乳胶漆价格低廉，经济实惠。市场上销售的乳胶漆多为内墙乳胶漆，桶装规格一般为5L、15L、18L三种，每升乳胶漆可以涂刷墙顶面面积为12～16m²。

4.5.3　真石漆

真石漆又称石质漆，是一种水溶性复合涂料，主要是由高分子聚合物、天然彩石砂及相关辅助剂混合而成。真石漆涂层是由底漆层、真石漆层和罩面漆层三层组成。真石漆涂层坚硬、附着力强、黏结性好，防污性好，耐碱耐酸，耐用10年以上，且修补容易。与之配套施工的有涂装抗碱性封闭底油和耐候防水保护面油。（图4-82）

图4-82　真石漆　涂层坚硬、附着力强、
黏结性好、耐用、耐碱耐酸，防污性好且
修补容易。

真石漆的装饰效果酷似大理石和花岗岩，主要用于客厅、卧室背景墙和具有特殊装饰风格的空间，除此之外，还可用于圆柱、罗马柱等装饰上，以获得以假乱真

的效果。在施工中采用喷涂工艺，装饰效果丰富自然，质感强，并与光滑平坦的乳胶漆墙面形成鲜明的对比。

4.5.4 防锈漆

防锈漆一般分为油性防锈漆和树脂防锈漆两种。油性防锈漆是将精炼干性油、各种防锈颜料和体质颜料经混合研磨后，加入溶解剂、催干剂而制成的，其油脂的渗透性、润湿性较好，结膜后能充分干燥，附着力强，柔韧性好。树脂防锈漆以各种树脂为主要成膜物质，表膜单薄，密封性强。防锈漆主要用于金属装饰构造的表面，如含铜、铁的各种合金金属。（图4-83）

图4-83 防锈漆 保护金属家具表面免受空气等物质氧化腐蚀

4.5.5 防火涂料

防火涂料可以有效延长可燃材料（如木材）的引燃时间，阻止非可燃结构材料（如钢材）表面温度升高而引起强度急剧丧失，阻止或延缓火焰的蔓延和扩展，为人们争取到灭火和疏散的宝贵时间。在家居装饰中，防火涂料一般涂刷在木质龙骨构造表面，也可以用于钢材、混凝土等材料上，提高其使用的安全性。（图4-84）

图4-84 防火涂料 用于可燃性基材表面，能降低被涂材料表面的可燃性、阻滞火灾的迅速蔓延

4.5.6 防水涂料

溶剂型防水涂料是将各种高分子合成树脂溶于溶剂中而制成的防水涂料，能快速干燥，可低温施工。它以水为稀释剂，有效降低了施工污染、毒性和易燃性，因而被广泛应用。反应固化型防水涂料是将化学反应型合成树脂（如聚氨酯、环氧树脂等）配以专用固化剂而制成的双组分涂料，是具有优异防水性和耐老化性能的高档防水涂料。防水涂料一般用于卫生间、厨房及地下工程的顶、墙、地面。（图4-85、图4-86）

图4-85 防水涂料 厨房专用防水涂料防水抗潮

图4-86 防水涂料 聚氨酯防水涂料是一种环保性的防水涂料

4.6 管线配件

4.6.1 电线

电线的种类很多，按使用功能主要分为电力线（强电）和信号传输线（弱电）。装修所用的电力线通常采用铜作为导电材料，外部包上聚氯乙烯绝缘套（PVC），一般分为单股线和护套线两种。单股线即是单根电线，内部是铜芯，外部包PVC绝缘套，需要穿接专用阻燃PVC线管方可入墙埋设。为了方便区分，单股线的PVC绝缘套有多种色彩，如红、绿、黄、蓝、紫、黑、白和绿黄双色等。护套线为单独的一个回路，包括一根火线和一根零线，外部有PVC绝缘套统一保护，PVC绝缘套一般为白色或黑色，内部电线为红色和彩色，安装时可以直接埋设到墙内，使用方便。（图4-87、图4-88）

图4-87　护套线　由两根组成的护套线方便快捷，外观好看

图4-88　护套线　家居装修中用护套线作为照明和电源线

1. 电力线铜芯

电力线铜芯有单根和多根之分。单根铜芯的线材比较硬，多根缠绕的比较软，方便转角。无论是护套线还是单股线，都以卷为计量，每卷线材的长度标准应该为100m。电力线的粗细规格一般按铜芯的截面面积来划分，照明用线选用1.5mm²，插座用线选用2.5mm²，空调等大功率电器设备的用线选用4mm²，超大功率电器可以选用6mm²等。常用的2.5mm²电线，每卷长度约100m，正宗产品价格在350元／卷以上（图4-89）。

图4-89　电力线　用小刀将铜芯外部的聚氯乙烯绝缘套削掉

2. 信号传输线

信号传输线用于传输各种音频、视频等信号。在家居装饰工程中的信号传输线主要有电脑网线、有线电视线、电话线、音响线等。由于是信号传输，导体的材料就多种多样了，如铜、铁、铝、铜包铁、合金铜等。信号传输线一般都要求有屏蔽功能，防止其他电流干扰，尤其是电脑网线和音响线，在信号线的周围，有铜丝或铝箔编织成的线绳状的屏蔽结构。这类带防屏蔽的信号线价格较高，质量稳定。（图4-90、图4-91、图4-92）

图4-90　光缆　光缆由缆芯、加强钢丝、填充物和护套等组成

图4-91　网线　网线是一种传输介质，信号通过网线传播

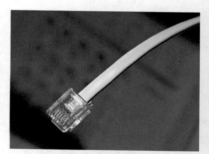

图4-92　网线　注意网线水晶接头的接法

4.6.2　金属软管

金属软管又称为金属防护网强化管，内管中层布有腈纶丝网加强筋，表层布有金属丝编制网。金属软管重量轻、挠性好、弯曲自如，最高工作压力可达4.0MPa，使用温度为-30～120℃，不会因气

候或使用温度变化而出现管体硬化或软化现象，具有良好的耐油、耐化学腐蚀性能。金属软管的生产以成品管为主，两端均有接头，长度为0.3～20m，可以订制生产，常见的600mm长金属软管价格为30元／套。（图4-93、图4-94）

图4-93　金属软管　重量轻、挠性好、耐腐蚀

图4-94　金属软管　主要被用作供水管和供气管

4.6.3　PP-R管

PP-R管又称为三型聚丙烯管，它是将无规共聚聚丙烯材料经挤出成型，注塑而成的新型管件，在装修中取代传统的镀锌管。PP-R管具有重量轻、耐腐蚀、不结垢、保温节能、使用寿命长的特点。PP-R管每根长4m，公称外径20～125mm不等，并配套各种接头。外径20mm中档产品价格为8元／m左右（图4-95）。

图4-95　PP-R管　重量轻、耐腐蚀、不结垢、保温节能、使用寿命长且价格便宜

4.6.4　PVC管

PVC主要成分为聚氯乙烯，是一种合成材料。PVC可分为软

PVC和硬PVC，其中硬PVC材料用作排水管，适用水温不大于45℃，工作压力不大于0.6MPa的排水管道，具有重量轻，内壁光滑，流体阻力小，耐腐蚀性好，价格低等优点，取代了传统的铸铁管，也可以用于电线穿管护套。PVC管中含化学添加剂酞，对人体有毒害，一般用于排水管，不能用作给水管。直径130mm的中档产品价格为15元／m左右。（图4-96）

图4-96　PVC管　主要用作家居装修排水管，耐腐蚀性好、价格低

4.6.5　开关插座面板

目前在家居装修中使用的开关插座面板主要采用防弹胶等合成树脂材料制成。防弹胶又称聚碳酸酯，这种材料硬度高，强度高，表面相对不会泛黄，耐高温。此外，电玉粉，氨基塑料等材料，也都具备耐高温、表面不泛黄、硬度高等特点。现代装修所选用的一般是暗盒开关插座面板，线路都埋藏在墙体内侧，开关的款式、档次应该与室内的整体风格相吻合。（图4-97、图4-98）

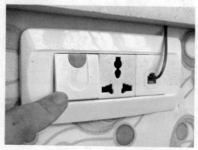

图4-97　开关插座面板　多功能插座一般是电脑、空调等电器用得多

图4-98　开关插座面板　插板上安装保护盖以防小孩触电

4.6.6　金属配件

金属配件主要包括柜门拉手、门锁、铰链、抽屉滑轨等材料，一般由装饰公司承包购买，材料进场时要注意识别。

1. 拉手

中高档金属配件都采用纯铜或铝合金制作。铜制品的抗压强度高，不会生锈，手感厚重，铸造工艺精致，边角平滑，导热性特别高。拉手、门锁最好不要买铁制品，铁制品时间一长肯定生锈，最好选择铝合金拉手，它价格特别低。选购时主要看铸造工艺，拉手表面应该完全光洁，一般要能承受6kg以上的拉力。（图4-99）

图4-99　拉手　拉手大小由实际尺寸决定

2. 门锁

成品套装门一般都会附送门锁。选购时，首先要注意门框的宽窄，一般情况下，球形锁和执手锁不能安在宽度≤90mm的门框上，门周边骨架宽度≤100mm的应选择普通球形锁，＞100mm的门框可选用大挡盖的锁具。然后，看外观颜色，纯铜制成的锁具一般都经过抛光和磨砂处理，与镀铜相比，色泽要暗，但很自然。接着掂其分量，纯铜锁具手感较重，而不锈钢锁具明显较轻。最后，听开启的声音，镀铜锁具开启声音比较沉闷，不锈钢锁的声音很清脆。（图4-100）

图4-100 门锁 主要起到防盗和装饰的作用

3. 铰链

在家具构造的制作中，使用最多的就是家具柜门上的烟斗铰链，它具有开合柜门和扣紧柜门的双重功能。目前用于家具门板上的铰链为二段力结构，其特点是关门时门板与柜面夹角大于45°时可以任一角度停顿，小于45°后自行关闭，当然也有一些厂家生产出30°或60°后就自行关闭的。铰链大多是经过电镀的铁制品，外观只要没有明显毛刺即可。注意铰链的张力要特别强，以一般成人用手很难掰开为好，不能有松动，这样的产品安装到柜门上才牢固。（图4-101）

图4-101 铰链 由可移动或可折叠的材料构成

房门合页材料一般为全铜和不锈钢两种。单片合页的标准规格为100mm×30mm和100mm×40mm，中轴11~13mm，合页壁厚为2.5~3mm。为了在使用时开启轻松无噪音，高档合页中轴内含有滚珠轴承。安装合页时应选用附送的配套螺钉。（图4-102）

图4-102　合页　铰链的另一种称谓

4. 抽屉滑轨

抽屉滑轨多采用优质铝合金、不锈钢或工程塑料制作，由动轨和定轨组成，分别安装于抽屉与柜体内侧两处。新型滚珠抽屉导轨分为二节轨和三节轨两种，要求外表油漆和电镀质地光亮。承重轮的间隙和强度决定了抽屉开合的灵活和噪声，应挑选耐磨及转动均匀的承重轮抽屉滑轨的常用规格为（长度）300~550mm。（图4-103）

图4-103　滑轨　优质滑轨阻力小，抽屉顺滑，使用寿命长

4.7 厨卫洁具

厨卫洁具是装修不可缺少的设施。厨卫洁具的使用功能取决于产品质量。厨卫洁具既要满足使用功能要求，又要满足节能环保要求。

1. 面盆

面盆又称为洗脸盆，它是卫生间不可缺少的部件。目前常见的

面盆材质可以分为陶瓷、玻璃、亚克力三种。陶瓷面盆使用频率最多，占据90％的消费市场。陶瓷材料保温性能好，经济耐用，但是面盆的色彩、造型变化较少，基本都是白色，外观以椭圆形、半圆形为主。（图4-104）

图4-104　面盆　陶瓷白洗脸盆清新自然，经济实用

2. 水槽

水槽主要用于厨房台面，是厨房烹饪、保洁的重要设备。现在常见的不锈钢是厨房水槽最好的材料，其轻便、耐磨、耐高温、耐腐蚀、不产生异味，是其他材质所无法比拟的。不锈钢水槽厚度宜为0.8～1.0mm，该厚度下水槽寿命长，器皿也会得到安全保障。表面平整度是检验水槽质量与档次最直观的标准。检查方法是：将视线与水槽平面保持一致，水槽边缘应不起凸，不翘曲。下水口及下水管的质量直接影响水槽的使用，较好的下水管材质应为PP-R或UPVC，密封度高，有弹性、防热、防裂、防臭、寿命长、易安装、不出现堵塞、渗水等现象。（图4-105、图4-106）

图4-105　水槽　不锈钢水槽简便，耐磨，耐腐蚀，不生锈

图4-106　水槽　检查流水装置是否安装好

3. 蹲便器

蹲便器是传统的卫生间洁具，一般采用全陶瓷制作，安装方便，使用效率高。由于蹲便器不带冲水装置，需要另外配置给水管或冲水水箱。蹲便器适用于客用卫生间，占地面积小，成本低廉。安装蹲便器时注意上表面要低于周边陶瓷地面砖，蹲便器出水口周边需要涂刷防水涂料。（图4-107）

图4-107 蹲便器 卷尺测量长度大小是否准确

4. 坐便器

坐便器又称为抽水马桶，它是取代传统蹲便器的一种新型洁具，主要采用陶瓷或亚克力材料制作。坐便器按结构可分为分体式坐便器和连体式坐便器两种。国家规定使用的坐便器排水量须在6L以下，现在市场上的坐便器多数是6L的，许多厂家还推出了大小便分开冲水的坐便器，有3L和6L两个开关，这种设计更利于节水。（图4-108）

图4-108 坐便器 方便实用，但浪费水资源

5. 浴缸

浴缸又称为浴盆，是传统的卫生间洗浴洁具。选择浴缸首先要注意使用空间，如果浴室面积较小，可以选择长度为1200mm、1500mm的浴缸；如果浴室面积较大，可选择长1600mm、1800mm的浴缸；如果浴室面积很大，可以安装高档的按摩浴缸、双人用浴缸或外露式浴缸。（图4-109）

6. 淋浴房

一般由隔屏和淋浴托（底盘）组成，内设花洒。隔屏所采用的玻璃均为钢化玻璃，甚至具有压花、喷砂等艺术效果，淋浴托则采用玻璃纤维、亚克力或金刚石制作。淋浴房从外形上看有方形、弧形、钻石形，常见的方形能更好利用有限浴室面积，扩大使用率。（图4-110）

图 4-109　浴缸　使用浴缸是一种现代人的生活享受

图 4-110　淋浴房　专门装修的淋浴房可以保护隐私

第 5 章　标准工序，规范施工

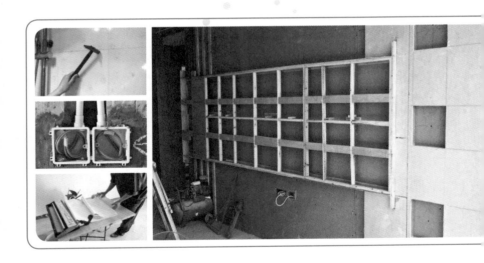

　　　　装修施工是继设计、材料选购之后的关键环节，装修的最终效果取决于装修施工能否融合图纸的设计和材料的品质。为了保证装修效果，业主应该了解相关的施工工艺，增进与施工队的沟通。不少业主担心，签了合同后装饰公司就会反客为主，施工质量难以保证，其实业主大可放心，装饰公司主要靠后期木工和涂饰工程来，赚到全额利润，所以也会遵守合同。本章将会讲述关于施工的环节。

5.1 标准装修工序

　　装修施工涉及技术工种多，技术含量高，装修材料复杂，施工空间狭小等多项难题。合理地安排施工工序才能协调好施工员、设计图纸和材料之间的关系，充分发挥多方的最大效能，保证施工安全和施工质量。装修施工的工序不能一概而论，要根据现场的实际施工工作量和设计图纸最终确定。

5.1.1 装修施工流程

　　一般来说，具体的装修施工流程是：基础改造→水电构造→墙地砖铺贴→木质构造与家具制作→木质构件及家具涂装施工→成品安装→竣工验收。

1. 基础改造

　　根据设计图纸拆除墙体，清除住宅界面上的污垢，对空间进行重新规划调整，在墙面上放线定位，制作施工必备的脚手架、操作台等。（图5-1）

2. 水电构造

水电工程材料进场，在地、墙、顶面开槽，给水管路敷设，电路布线，给水通电检测，修补线槽。（图5-2）

图 5-1 基础改造 拆除墙体，重新规划空间

图 5-2 水电构造 在墙面开槽，给水管路敷设，电路布线

家居装修小贴士

保证施工现场安全文明

1）保证现场的用电安全。由电工安装维护或拆除临时施工用电系统，在系统的开关箱中装设漏电保护器，进入开关箱的电源线不得用插销连接。用电线路应避开易燃、易爆物品堆放地。暂停施工时应切断电源。

2）不能在未做防水的地面蓄水。临时用水管不得破损、滴漏。暂停施工时应切断水源。

3）控制粉尘、污染物、噪声、震动对相邻居民和城市环境的污染及危害。

4）工程垃圾宜密封包装，并放在指定的垃圾堆放地。工程验收前应将施工现场清理干净。

3. 墙地砖铺贴

瓷砖、水泥等材料进场，厨房、卫生间防水处理，墙地砖铺设，完工养护。（图5-3）

4. 木质构造与家具制作

木质工程材料进场，吊顶墙面龙骨铺设，面板安装及制作，门套、窗套制作，墙面装饰施工，木质固定家具制作，木质构件安装调整。（图5-4）

图5-3　墙地砖铺贴　家居地面铺贴地砖，完工后养护

图5-4　安装家具　吊顶墙面龙骨铺设

5. 涂料涂饰

涂料材料进场，木质构件及家具涂装施工，壁纸铺贴，顶面、墙面基层抹灰、涂饰，清理养护。（图5-5）

6. 收尾工程

电器设备、灯具、卫生洁具安装，地板铺装，整体保洁养护，竣工验收，发现问题及时整改，绘制竣工图，拍照存档。（图5-6）

图5-5　贴壁纸　在墙面上铺贴壁纸，既美观又保护墙壁

5.1.2 基础改造

装修工程正式开始时，最先要做的就是基础改造，从而为后继施工创造良好的施工环境。业主与设计师、项目经理一同前往装修现场，对施工项目、施工周期进行交底。

图5-6　安装家具　电器设备安装

1. 尽量不要拆墙

拆墙的目的是为了拓展起居空间、变化交通流线，使家居空间更适合业主的生活习惯，但是拆墙会对建筑结构造成影响。建筑中的任何隔墙都具有承担重力的功能，即使是非承重墙也能起到一定的坚固作用，将非承重墙拆了，建筑的横梁与立柱之间就完全失去了依托，这对住宅的抗风、抗震性能都会产生消极影响。（图5-7）

2. 正确识别隔墙

厚度大于180mm的砖墙最好不要拆，如果要求拓展流通空

图5-7　拆墙　建筑的横梁边角与立柱之间需要依托

间，可以在砖墙上开设一个宽度不大于1200mm的门洞。卫生间、厨房、阳台、花园中或周边的墙体，不要随意拆除，因为这些墙体上有防水涂料，墙体周边布置了大量管线，一旦破坏很难发现并及时修补，容易导致日后渗水、漏水。承重墙、立柱、横梁千万不能拆除，拆除厚度不小于200mm的砖墙也要慎重考虑。高层或房龄超过10年的住宅最好不要拆除现有墙体，可以通过外观装饰来改变空间氛围。（图5-8）

3. 拆墙施工

先用粉笔在要拆的墙上做上记号，标清拆除边缘；然后使用大锤从下向上敲击，墙体两侧都要敲击，不能只敲一面，否则震动会破坏建筑结构；接着，当墙体拆到横梁或立柱边缘时，再用小锤敲击边角，并尽量修饰平整；最后，将拆下的墙砖与碎渣装袋搬运至物业指定位置。（图5-9）

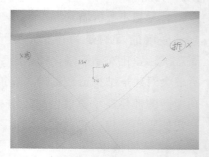

图5-8 拆墙 承重墙、立柱、横梁千万
不能拆除

图5-9 拆墙 用笔在要拆的墙上做标记

4. 抹灰修饰边角

对于拆除的墙体边缘要重新抹灰，缺口较大的墙角还需要填补轻质砖。用32.5级水泥、通过网筛的河砂和水调和成1∶2.5（即体积比：水泥为1，砂为2.5）的水泥砂浆。砂浆的含水量要适中，不能过干或过稀，用手抓起一把水泥砂浆，以不滴水、不松散为宜。使用水泥砂浆修整墙角时，要注意水平与垂直度，必要时应先放线定位，再用钢板扫平。（图5-10、图5-11）

图 5-10　修饰边角　用水泥砂浆对已拆除
　　　　　的墙边抹灰

图 5-11　水泥砂浆　不能过干也不能过稀

5. 墙体砌筑与粉刷

　　有的砖墙过于单薄，厚度甚至小于120mm，这类砖墙只拆一部分时容易破坏未拆的部分，因此，可以将整面墙全部拆除，再根据设计要求将需要保留的部分重新砌筑，这样保留墙体的造型会更完整些。另外，墙体砌筑完后要进行粉刷，粉刷能有效保护砌筑的砖墙。（图5-12、图5-13、图5-14、图5-15）

图 5-12　墙体修筑　根据设计要求将需要
　　　　　保留的部分重新砌筑

图 5-13　筑墙　新旧墙要用铁丝网加固
　　　　　（防裂处理）

图 5-14 浇筑地梁 墙体底部要用 C20 混凝土浇筑地梁

图 5-15 扫平 用钢板将多余泥浆扫掉，使墙面平整

6. 包落水管

厨房、卫生间里的落水管一般都要包砌起来，这样既美观又洁净。可以使用木龙骨绑定落水管，在木龙骨周围覆盖隔声海绵，再用尼龙布将隔声海绵包裹在木龙骨的外围，用细铁丝绑扎固定，最后在表面涂抹1：2.5的水泥砂浆，待完全干燥后再用素水泥做胶凝剂贴上瓷砖，这样可以保证良好的隔声效果。（图5-16、图5-17）

图 5-16 包落水管 包裹隔声海绵

图 5-17 包落水管 包好隔声海绵后用水泥砂浆砌起来

墙体的承重功能

　　承重墙的厚度大多大于或等于200mm，立柱与横梁大多会凸出于墙体表面。如果实在无法确认，可以用小锤将墙体表面的抹灰层敲掉，如果露出带有碎石和钢筋的混凝土层就是承重墙，如果露出的是蓝灰色的轻质砖，一般可以拆除。早些年的房子楼层少，如果是框架结构，拆除其中的非承重墙是没有问题的。但如今房房子大多建到30层以上，建筑高度增加意味着抗震、抗风强度增加，非承重墙也起到抗震、抗风的作用，如果在装修中将其全部拆除就会降低建筑的整体安全性能。因此，墙体改造不能为所欲为，想拆就拆。

5.2 水电隐蔽构造

　　水电隐蔽构造施工对安全性要求很高，且水电管线一旦封闭到墙体中就不便再调整，所以施工前一定要求设计师绘制比较完整的施工图，并在施工现场与施工员交代清楚。

5.2.1 给水管安装

　　先查看厨房、卫生间的施工环境，找到给水管入口，然后，根据设计要求在墙面开凿穿管所需的孔洞和暗槽。现代家装中的给水管都布置在顶部，管道会被厨房、卫生间的扣板遮住，因此，一般只在墙面上开槽，不会破坏地面防水层。接着，根据墙面开槽尺寸对给水管下料并预装，布置周全后仔细检查是否合理，其后就正式热熔安装，并采用各种预埋件和管路支托架固定给水管。最后，采用打压器为给水管试压，使用水泥修补孔洞和暗槽。（图5-18、图5-19、图5-20、图5-21）

图 5-18　给水管安装　PP-R 管热熔焊接

图 5-19　给水管安装　在墙面开凿穿管所
需的孔洞

图 5-20　给水管安装　用打压器给水管试
压

图 5-21　给水管安装　用水泥砂浆将管道
填补密实

　　给水管一般布置在顶部最安全，主要是水路改造大部分布置的是暗管，而水的特性是往低处流。如果管路布置在地下，一旦漏水就很难及时发现，只有地板变形，甚至漏到楼下时才会发现漏水了，且由于水管暗埋很难查出漏水之处。明装单根冷水管道距墙表面应为 15～20mm，冷热水管安装应左热右冷，平行间距应不小于200mm。

5.2.2　排水管安装

　　排水管道的水压小，管道粗，安装起来相对简单。很多住宅的厨房、卫生间都设置好了排水管，一般不必刻意修改，按照排水管的位置来安装洁具即可。但是有的住宅为下沉式卫生间，只预留一个排水孔，所有管道均需要现场设计、制作。下沉式卫生间不能破坏原有地面防水层，管道都应在防水层上布置。如果卫生间地面与其他房间等高，最好不要对排水管进行任何修改、延伸或变更，否则都需要砌筑地台，给出入卫生间带来不便。接着，布置周全后仔细检查是否合理，其后就正式粘接安装，并采用各种预埋件和管路支托架固定排水管。最后，采用盛水容器为各排水管进行灌水试验，观察其排水能力以及是否漏水，局部可以使用水泥加固管道。下沉式卫生间需用细砖磋回填平整，回填时注意不要破坏管道。安装PVC排水管时应注意管材与管件连接件的端面要保持清洁、干燥、无油，并去除毛边和毛刺。（图5-22、图5-23、图5-24、图5-25）

图5-22　排水管安装　用切割机将PVC管切割成需要的长度

图5-23　排水管安装　粘接排水管前必须进行试组装

图5-24　排水管安装　在粘接面上均匀涂上一层黏合剂

图5-25　排水管安装　管道之间设置了金属管卡

5.2.3 防水施工

给水和排水管道全部安装完毕后，就需要开展防水施工。所有毛坯住宅的厨房、卫生间都有防水层，但是所用的防水材料不确定，防水施工质量不明确，即使在装修施工中没有破坏原有的防水层，也应该重新施工。先要保证厨房、卫生间的地面平整、牢固、干净、无明水，如有凹凸不平及裂缝必须抹平。然后，选用优质防水涂料按规定比例准确调配，对地面、墙面分层涂覆。根据防水涂料类型不同，一般应涂刷2～3遍，涂层应均匀，间隔时间应不小于12小时，以干而不粘为准，总厚度为1mm左右。最后，应认真检查，涂层不能有裂缝、翘边、鼓泡、分层等现象。使用素水泥浆将整个防水层涂刷一遍，待水泥干燥后，必须再采取封闭灌水的方式进行渗漏实验，24小时后无渗漏，方可继续施工。（图5-26、图5-27）

图 5-26 防水施工 刷防水涂料

图 5-27 防水施工 进行闭水试验

5.2.4 电路施工

电路施工在装修中涉及的面积最大，遍布整个住宅，全部线路都隐藏在顶、墙、地面及装修构造中，需要严格操作。先根据完整的电路施工图现场草拟布线图，使用墨线盒弹线定位，用铅笔在墙面上标出线路终端插座及开关面板的位置，对照图样检查是否有遗漏。然后，在顶、墙、地面开线槽，线槽宽度及数量根据设计要求来定。埋设暗盒及敷设PVC电线管，将单股线穿入PVC管。接着，安装空气开关、各种开关插座面板、灯具，并通电检测。最后，根据现场实际施工状况完成电路布线图，备案并复印交给下一工序的施工员。（图5-28、图5-29）

图5-28　开槽　开槽深度应当一致，一般要比PVC管材的直径宽10mm

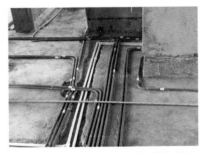

图5-29　设计布线　强电在上，弱电在下，横平竖直，避免交叉

住宅入户应设有强弱电箱，配电箱内应设置独立的漏电保护器，分数路经过空气开关后，分别控制照明、空调、插座等。PVC管应用管卡固定，PVC管接头均用配套接头，用PVC胶水粘牢，弯头均用弹簧弯曲构件。暗盒、拉线盒与PVC管都要用螺钉固定。PVC管安装好后，统一穿电线，同一回路的电线应穿入同一根管内，但管内总根数应不大于8根，电线总截面积（包括绝缘外皮）不应超过管内截面积的40％。暗线敷设必须配阻燃PVC管。（图5-30、图5-31）

图 5-30　拉线盒　穿入配管的导线的接头
设在接线盒内，接头用绝缘带包缠

图 5-31　暗盒　开关插座暗盒安装

　　当管线长度超过15m或有两个直角弯时，应增设拉线盒。安装电源插座时，面向插座的左侧应接零线（N），右侧应接火线（L），中间上方应接保护地线（PE）。保护地线为2.5mm²的双色软线。导线间和导线对地间电阻必须大于0.5Ω。电源线与通信线不能穿入同一根管内。电源线及插座与电视线及插座的水平间距应不小于300mm。电线与暖气、热水、煤气管之间的平行距离应不小于300mm，交叉距离应不小于100mm。电源插座底边距地宜为300mm，开关距地宜为1300mm。开关插座面板及灯具宜在最后一遍乳胶漆涂装之前安装。（图5-32）

图5-32　接线　左零右火，不要接错

5.3　墙地砖铺贴

　　在家居装修中，墙地砖铺贴是技术性极强且非常耗费工时的施工项目。一直以来，墙地砖铺贴水平都是衡量装修质量的重要参考依据。

5.3.1 墙面砖铺贴

铺贴前应先清理墙面基层，铲除水泥结块，平整墙角，但是不要破坏防水层。同时，选出用于墙面铺贴的瓷砖并浸泡在水中，3～5小时后取出晾干。然后，配置1：1水泥砂浆或素水泥待用，对铺贴墙面洒水，并放线定位，精确测量转角和管线出入口的尺寸并裁切瓷砖。接着，在瓷砖背部涂抹水泥砂浆或素水泥，从下至上准确粘贴到墙面上，保留的缝隙要根据瓷砖特点来定制。最后，采用瓷砖专用填缝剂填补缝隙，使用干净抹布将瓷砖表面擦拭干净，养护待干。（图5-33、图5-34、图5-35、图5-36）

图 5-33　墙砖镶贴　找准水平及垂直控制线

图 5-34　墙砖镶贴　墙砖镶贴前用水浸泡

图 5-35　裁切瓷砖　加水起到降温和减少灰尘的作用

图 5-36　墙砖镶贴　在瓷砖背部涂抹水泥砂浆或素水泥

　　墙砖粘贴时，缝隙应为1~1.5mm，横竖缝必须完全贯通，严禁错缝。若墙砖误差大于1mm，砖缝缝宽调宽至2mm。相邻砖之间平整度不能有误差。墙砖镶贴过程中，要用橡皮锤敲击固定，砖缝之间的砂浆必须饱满，严防空鼓，墙砖的最上层铺贴完毕后，应用水泥砂浆将上部空隙填满，以防在制作扣板吊顶钻孔时破坏墙砖。（图5-37）。

图5-37　墙砖镶贴　用橡皮锤敲击固定，严防空鼓

　　墙砖镶贴时，应考虑与门洞平整接口，门边框装饰线应完全将缝隙遮掩住，检查门洞垂直度。墙砖铺完后1小时内必须用专用填缝剂勾缝，并保持墙地砖表面清洁。墙砖与洗面台、浴缸等的交接处，应在洗面台、浴缸安装完后再补贴。墙砖在开关插座暗盒处应该切割严密。墙面砖的铺贴施工可以和其他项目平行或交叉作业，但要注意成品保护。

家居装修小贴士

橱柜背后也要贴满瓷砖

　　如今许多家庭都会购买成套橱柜，不能认为橱柜背后挡住的空间反正也看不见，就让墙壁裸露着，而是应在橱柜背后也铺满瓷砖。瓷砖是厨房墙面防水层最好的保护物，它能极大减少厨房潮气对橱柜的侵蚀，防止橱柜发霉变形。有些瓷砖根据厨房特点加入了防潮防酸功能，更加适宜厨房复杂的环境。由于瓷砖规格不同，橱柜地台面不一定与砖的接缝吻合，如果橱柜背后贴有瓷砖，就不必胡乱切砖贴补，影响美观。

5.3.2 地面砖铺贴

地面砖一般为高密度瓷砖、抛光砖、玻化砖等，铺贴的面积较大，不能有空鼓存在，铺贴厚度也不能过高，避免与地板铺设形成较大落差，因此地面砖铺贴难度相对较大。应先清理地面基层，铲除水泥疙瘩，平整墙角，但是不要破坏楼板结构。然后，配置1∶2.5水泥砂浆待用，对铺贴地面洒水，放线定位，精确测量地面转角和开门出入口的尺寸，并对瓷砖进行裁切。普通瓷砖与抛光砖仍需事先浸泡在水中，3～5小时后取出晾干，将地砖预先铺设并依次标号。接着，在地面上铺设平整且较干的水泥砂浆，依次将地砖铺贴在地面上，保留缝隙根据瓷砖特点来定制。最后，采用专用填缝剂填补缝隙，使用干净抹布将瓷砖表面的水泥擦拭干净，养护待干。（图5-38、图5-39、图5-40、图5-41、图5-42、图5-43）。

图5-38 地砖铺贴 对瓷砖进行裁切

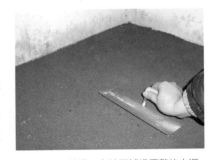

图5-39 砂浆 在地面铺设平整的水泥砂浆

图 5-40　水平尺校正　测量地面砖铺贴是
否平整

图 5-41　抹布擦拭　将瓷砖表面的水泥擦
拭干净

图 5-42　检查　用橡皮锤敲击地砖，防止
空鼓

图 5-43　地砖铺贴　地砖铺贴要整齐、美
观、减少损耗

　　地砖铺设前必须全部开箱挑选，选出尺寸误差大的地砖单独处理或是分房间、分区域处理，选出有缺角或损坏的砖重新切割后用来镶边或镶角，有色差的地砖可以分区使用。地砖铺贴前应经过仔细测量，再通过计算机绘制铺设方案，统计出具体地砖数量，以排列美观和减少损耗，并且重点检查房间的几何尺寸是否整齐。地砖铺设后应随时保持清洁，不能有钢钉、泥沙、水泥块等硬物，以防划伤地砖表面。涂料易造成污染，应在地面铺设珍珠棉加胶合板后方可进行涂刷操作，并随时注意防止污染地砖表面。

5.3.3 玻璃锦砖铺贴

锦砖又称马赛克，它具有砖体薄、自重轻等特点，铺贴时要保证每个小瓷片都紧密粘接在砂浆中，不易脱落，是铺贴工艺中施工难度最大的。应先清理墙、地面基层，铲除水泥结块，平整墙角，但是不要破坏防水层。同时，选出用于铺贴的玻璃锦砖。然后，配置1：1水泥砂浆或素水泥待用，对待铺贴的墙、地面洒水，并放线定位，精确测量转角、管线出入口的尺寸并裁切玻璃锦砖。接着，在铺贴界面和玻璃锦砖背部分别涂抹水泥砂浆或素水泥，依次准确粘贴到墙面上，保留的缝隙根据玻璃锦砖特点来定制。最后，揭开玻璃锦砖的面网，采用玻璃锦砖专用填缝剂擦补缝隙，使用干净抹布将玻璃锦砖表面的水泥擦拭干净，养护待干。揭网后，认真检查缝隙的大小平直情况，如果缝隙大小不均匀，横竖不平直，必须用钢片刀拨正调直。（图5-44、图5-45、图5-46）

图 5-44　玻璃锦砖　典雅大方可做装饰

图 5-45　阳角　锦砖阳角铺贴

5.3.4　玻璃砖砌筑

玻璃砖砌筑施工难度最大，是属于较高档次的铺装工程。应先清理砌筑墙、地面基层，铲除水泥疙瘩，平整墙角，但是不要破坏防水层。在砌筑周边安装预埋件，并根据实际情况采用型钢加固或砖墙砌筑。然后选出用

图5-46　玻璃锦砖　用在洗澡间墙面铺贴

于砌筑的玻璃砖，备好网架钢筋、支架垫块、水泥或专用玻璃胶待用。接着，在砌筑范围内放线定位，从下向上逐层砌筑玻璃砖，户外施工要边砌筑边设置钢筋网架，使用水泥砂浆或专用玻璃胶填补砖块之间的缝隙。最后，采用玻璃砖专用填缝剂填补缝隙，使用干净抹布将玻璃砖表面的水泥或玻璃胶擦拭干净，养护待干。必要时对缝隙进行防水处理。（图5-47、图5-48）

图 5-47　砌筑玻璃砖　从下向上逐层砌筑　　图 5-48　　校正　用支架垫块校正玻璃砖
　　　　　玻璃砖，采用砖墙砌筑

5.4　木质构造与家具制作

　　木质构造与家具制作的施工内容最多，施工时间最长，业主要时刻督促施工员注意质量。

5.4.1　石膏板与胶合板吊顶

　　一般装修业主会要求在客厅、餐厅顶面制作石膏板或胶合板吊顶，其中石膏板用于外观平整的吊顶造型，胶合板用于弧度较大的曲面吊顶造型。无论哪种吊顶，其构造原理与施工步骤都是一致的。

　　顶面与墙面上都应放线定位，分别弹出标高线、造型位置线、吊挂点布局线和灯具安装位置线。在墙的两端固定压线条，用水泥钉与墙面固定牢固。依据设计标高，沿墙面四周弹线，作为顶棚安装的标准线，其水平允许偏差为 ±5mm。（图5-49、图5-50）

　　石膏板吊顶可用轻钢龙骨，轻钢龙骨抗弯曲性能好，但是不能弯曲，制作弧线造型，仍要使用木龙骨。木质龙骨架顶部吊点固定有两种方法：一种是用5mm以上的射钉直接将角钢或扁铁固定在顶部；另一种是在顶部钻孔，用膨胀螺栓固定预制件做吊点。吊点间距应当反复检查，保证吊点牢固、安全。木龙骨要保证没有劈裂、腐蚀、死节等质量缺陷，截面长为30～40mm，宽为40～50mm，含水率应不大于10％。（图5-51、图5-52）

图5-49　制作木龙骨　用水泥钉将木条钉在一起

图5-50　安装　按照标准线安装木龙骨架

图5-51　木龙骨　采用木龙骨做基层

图5-52　打孔　在顶部钻孔后安装木龙骨架

　　遇到藻井吊顶时，应从下至上固定压条，阴阳角都要用压条连接。注意预留出照明线的出口。吊顶面积过大可以在中间铺设龙骨。当藻井式吊顶的高差大于300mm时，应采用梯层分级处理。龙骨结构必须坚固，大龙骨间距应不大于500mm。龙骨固定必须牢固，龙骨骨架在顶、墙面都必须有固定件。木龙骨底面应刨光刮平，截面厚度一致并做防火处理。（图5-53、图5-54）

图5-53　木龙骨　用压条固定使其稳定

图5-54　木龙骨　木龙骨架底面应刨光刮平

石膏板用于平整面的面板；胶合板用于弧形面的面板，也可以用于吊顶造型的转角或侧面。面板安装前应对安装完的龙骨和面板板材进行检查。安装的饰面板应与墙面完全吻合，有装饰角线的可留有缝隙，饰面板之间的接缝应紧密。吊顶时应在安装饰面板的时候预留出灯口位置。（图5-55、图5-56、图5-57）

图5-55　石膏板吊顶　板面应平整，无凹凸断裂

图5-56　木龙骨架　电线穿插在木龙骨架中

图5-57　饰面板　安装时要预留灯口位置

5.4.2 扣板吊顶

扣板吊顶一般用于厨房、卫生间，它具有良好的防潮和隔声效果。常用的扣板有塑料扣板和金属扣板两种（在上一章已详细介绍），下面主要介绍金属扣板吊顶的施工方法。

首先，在顶面放线定位，根据设计造型在顶面、墙面钻孔，并放置预埋件。然后，安装吊杆于预埋件上并调整吊杆高度。接着，将金属龙骨安装在吊杆上并调整水平，安装装饰角线。最后，将金属扣板扣接在金属龙骨上，调整水平后揭去表层薄膜，并全面检查。

家居装修小贴士

金属吊顶施工应注意的问题

1）根据吊顶的设计标高在四周墙面上弹线。弹线应清楚，位置准确，其水平允许偏差为 ±5mm。确定龙骨位置线，因为每块铝合金块板都是已成型饰面板，所以尽量不再切割分块。为了保证吊顶饰面的完整性和安装可靠性，需要根据金属扣板的规格来定制，如 600mm×600mm 或 300mm×300mm，当然，也可以根据吊顶的面积尺寸来安排吊顶骨架的结构尺寸。

2）主龙骨中间部分应起拱，龙骨起拱高度不小于房间面跨度的 5%。吊杆应垂直并有足够的承载力。当吊杆需接长时，必须搭接牢固，焊缝应均匀饱满，并进行防锈处理。吊杆距主龙骨端部应不大于 300mm，否则应增设吊杆，以免承载龙骨下坠。覆面龙骨应紧贴承载龙骨安装。

3）龙骨完成后要全面校正主、次龙骨的位置及水平度。连接件应错位安装，安装好的吊顶骨架应牢固可靠。沿标高线固定角铝，角铝是吊顶边缘部位的封口。角铝常用规格为 25mm×25mm，其色泽应与金属扣板相同。角铝多用水泥钉固定在墙上。

4）安装金属扣板时，应把次龙骨调直。金属方块板组合要完整，四围留边时，留边的四周要对称均匀，将安排布置好的龙骨架位置线画在标高线的上端。吊顶平面的水平误差应小于5mm。

5.4.3　石膏板隔墙

当家居装修需要进行不同功能的空间分隔时，需要用到石膏板隔墙。大面积平整的石膏板隔墙应采用轻钢龙骨作基层骨架，小面积弧形隔墙可以采用木龙骨和胶合板饰面。（图5-58）

首先，清理基层地面、顶面和周边墙面，分别放线定位，根据设计造型在顶面、地面、墙面钻孔，放置预埋件。然后，沿着地面、顶面和周边墙面制作边框

图5-58　隔墙　石膏板隔墙龙骨

墙筋，并调整到位。接着，分别安装竖向龙骨与横向龙骨，并调整到位。安装支撑龙骨时，应先将支撑卡口件安装在竖向龙骨的开口方向，卡口件之间的距离以400～600mm为宜，距龙骨两端的距离宜为20～25mm。安装贯通龙骨时，小于3m的隔墙安装1道，3～5m高的隔墙安装2道。最后，将石膏板竖向钉接在龙骨上，对钉头进行防锈处理，封闭板材之间的接缝，并全面检查。隔墙的位置放线应按设计要求，沿地、墙、顶弹出隔墙的中心线及宽度线，宽度线应与隔墙厚度一致，位置应准确无误。（图5-59）

5.4.4 玻璃隔墙

玻璃隔墙用于分隔隐私性不太明显的房间，如厨房与餐厅之间的隔墙、书房与走道之间的隔墙、主卧卫生间的隔墙等。（图5-60）

图5-59　隔墙　用钉子固定石膏板

基层地面、顶面和周边墙面放线应清晰、准确。隔墙基层应平整牢固，框架安装应符合设计和产品组合的要求。安装玻璃前应对骨架、边框的牢固程度进行检查，如不牢固应进行加固。玻璃固定的方法并不多，一般可以在玻璃上钻孔，用镀铬螺钉或铜螺钉将玻璃固定在木骨架和衬板上，也可以用硬木、塑料、金属等材料的压条压住玻璃。（图5-61、图5-62）

图5-60　玻璃隔墙　卫生间隔墙使用的是玻璃隔墙

图5-61　隔墙　有框玻璃隔墙

图5-62　隔墙　玻璃分隔墙的边缘不能与硬质材料直接接触

5.4.5 背景墙

背景墙是家居装修中的核心部位，在第2章中简单介绍过。背景墙无处不在，如门厅背景墙、客厅背景墙、餐厅背景墙、走道背景墙、床头背景墙等。背景墙制作要求工艺精致，配置的材料丰富，施工难度较大。（图5-63、图5-64）

图5-63 背景墙骨架 墙面保留合适位置

图5-64 背景墙 背景墙饰面与电视支架

首先，清理基层墙面、顶面，分别放线定位，根据设计造型在墙面、顶面钻孔，放置预埋件。然后，根据设计要求沿着墙面、顶面制作木龙骨，进行防火处理，并调整龙骨的尺寸、位置和形状。接着，在木龙骨上钉接各种罩面板，同时安装其他装饰材料、灯具与构造。最后，全面检查固定，封闭各种接缝，对钉头进行防锈处理。

5.4.6 软包墙面

软包墙面一般用于对隔声要求较高的卧室、书房、活动室和视听间，是一种高档墙面装修手法。

家居装修小贴士

背景墙的制作要求

背景墙的制作材料很多，要根据设计要求谨慎选用。先安装廉价且坚固的型材，后安装昂贵且易破损的型材，例如，先安装木龙骨，钉接石膏板、胶合板、木芯板、薄木饰面板，后安装灯具、玻璃、成品装饰板、壁纸等材料。背景墙要求特别精致，墙面造型丰富，但是在装饰构造上不要承载重物，壁挂电视、音响、空调、电视柜等设备应安装在基层墙面上。如果背景墙造型过厚，必须焊接型钢延伸出来再安装过重的设备。

如果要在背景墙上挂壁液晶电视，墙面就要保留合适位置（装预埋挂件或结实的基层）及足够的插座。可以暗埋1根50～70mm的PVC管，所有的电线通过该管穿到下方电视柜，如电视线、音响线、网络线等。

背景墙在施工时，应将地砖的厚度和踢脚板的高度考虑进去，使造型协调，如果没有设计踢脚板，面板及石膏板应该在地砖施工后再安装，以防受潮。

首先，清理基层墙面，放线定位，根据设计造型在墙面钻孔，放置预埋件。然后，根据实际施工环境对墙面进行防潮处理，制作木龙骨安装到墙面上，进行防火处理。木龙骨宜采用凹槽榫工艺预制，可整体或分片安装，与墙体紧密连接。接着，制作软包单元，填充弹性隔声材料。最后，将软包单元固定在墙面龙骨上，封闭各种接缝，全面检查。（图5-65）

软包墙面安装应紧贴墙面，接缝应严密，花纹应吻合，表面需清洁。软包布面与压线条、踢脚板、开关插座暗盒等交接处应严密、顺直、无毛边，电器盒盖等开洞处，套割尺寸应准确。（图5-66）

图 5-65　软包单元　填充材料尺寸应正确，棱角应方正

图 5-66　软包墙面　无波纹起伏、翘边、褶皱现象

5.4.7　门窗套制作

门窗套用于保护门、窗边缘墙角，防止无意磨损。门窗套还适用于门厅、走道等狭窄空间的墙角。首先，清理门窗洞口基层，改造门窗框内壁，修补整形，放线定位，根据设计将造型在窗洞口钻孔，放置预埋件。然后，根据实际施工环境对门窗洞口进行防潮处理，制作木龙骨或木芯板骨架并安装到洞口内侧，进行防火处理，调整基层的尺寸、位置及形状。基层骨架应平整牢固，表面刨平。接着，在基层构架上钉接木芯板、胶合板或薄木饰面板，将基层骨架封闭平整。板面应略大于搁栅骨架，大面应净光，小面应刮直。饰面板颜色、花纹应协调，木纹根部应向下，长度方向需要对接时，花纹应通顺，接头位置应避开视线平视范围，接头应留在横撑上。饰面板接头为45°，面板与门窗套板面结合应紧密、平整，饰面板或线条盖住抹灰墙面的宽度应不小于10mm。最后，钉接相应木线条收边，对钉头进行防锈处理，全面检查。（图5-67、图5-68、图5-69）

图5-67　门角　木线条收边

图 5-68　门套　饰面板颜色、花纹应协调　　　　图 5-69　门角　洞口棱角方正垂直

5.4.8　窗帘盒

　　窗帘盒一般有两种形式：一种是房间内有吊顶，窗帘盒隐蔽在吊顶内，在制作顶部吊顶时就一同完成了；另一种是房间内无吊顶，窗帘盒固定在墙上，或与窗框套成为一个整体。

　　首先，清理墙、顶面基层，放线定位，根据设计造型在墙、顶面钻孔，放置预埋件。然后，根据设计要求制作木龙骨或木芯板窗帘盒，并进行防火处理，安装到位。调整窗帘盒尺寸、位置、形状。接着，在窗帘盒上钉接饰面板与木线条收边，对钉头进行防锈处理，将接缝封闭平整。最后，安装固定窗帘滑轨，全面检查调整。（图5-70、图5-71）

图 5-70　窗帘盒　窗框套和饰面板材质　　　　图 5-71　窗帘盒　花纹通顺，颜色协调
　　　　　　　　相同

5.4.9 柜件

常见的木质柜件包括鞋柜、电视柜、装饰酒柜、书柜、衣柜、储藏柜和各类木质隔板。木质柜件制作在木构工程中占据相当大的比重，下面就以衣柜为例，详细介绍施工方法。

首先，清理制作衣柜的墙面、地面、顶面基层，放线定位，根据设计造型在墙面、顶面上钻孔，放置预埋件。然后，对板材涂刷封闭底漆，根据设计要求制作指接板或木芯板柜体框架，调整柜体框架的尺寸、位置和形状。接着，将柜体框架安装到位，制作抽屉、柜门等构件，钉接饰面板与木线条收边，对钉头进行防锈处理，将接缝封闭平整。最后，安装各种铰链、拉手、挂衣杆、推拉门等五金件，全面检查调整。（图5-72、图5-73）

图 5-72　测量　卷尺测量，铅笔画线，得出需要的木板尺寸

图 5-73　柜件完成　木纹排列一致，无裂痕、无缺口、无毛边，美观大方

家居装修小贴士

衣柜制作的要求

用于制作衣柜的指接板、木芯板、胶合板必须为高档环保材料，无裂痕、无蛀腐，且用料合理。制作框架前，板材表面

内面必须涂刷封闭底漆，靠墙的一面应涂刷防潮漆。柜体深度应不大于700mm，单件衣柜的宽度应不大于1600mm，过宽的衣柜应分段制作再拼接。

平开门门板宽度一般应不大于450mm，高度应不大于1500mm，最好选用E0级18mm厚高档木芯板制作。饰面板拼接花纹时，接口应紧密无缝隙，木纹的排列应纵横连贯一致。安装时尽可能采用气钉枪固定，减少钉孔的数量和明显度。

木质装饰线条收边时应与周边构造平行一致，连接紧密均匀。木质饰边线条应为干燥木材制作，头尾平直均匀，其尺寸、规格、型号要统一，长短视装饰件的要求合理挑选。特殊木质花线在安装前应按设计要求选型加工。

5.5　油漆涂饰

涂料是装修后期的必备工序，主要包括在木质造型、家具上涂装清漆、混油；在墙面、顶面上涂装乳胶漆或刷涂、喷涂、滚涂各种薄、厚、复层涂料，还包括粘贴壁纸。

5.5.1　抹灰

抹灰是针对粗糙水泥墙面或外露砖的墙面进行的找平施工，通过抹灰为内墙乳胶漆涂装打好基础，方便下一步工序。抹灰用的水泥宜为42.5级普通硅酸盐水泥，结硬砂浆不能继续使用。（图5-74、图5-75）

图 5-74　抹灰　对墙面抹灰养护

图 5-75　水泥砂浆　水泥砂浆要在凝结成块前用完

5.5.2　清漆涂装

清漆涂装主要用于木质构造、家具表面涂装，它能起到封闭木质纤维、保护木质表面、使家具光亮美观的作用。现代家装中使用的清漆多为调和漆，需要在施工中不断勾兑，在挥发过程中不断保持合适的浓度，保证装饰均匀。

首先，清理装饰基层表面，铲除多余木质纤维，使用0号砂纸打磨木质构造表面和转角，上润油粉。然后，根据设计要求和木质构造的纹理色彩对成品腻子粉调色，修补钉头凹陷部位，待干后采用240号砂纸打磨平整。接着，整体涂刷第一遍清漆（底漆），待干后复补腻子，采用360号砂纸打磨平整。再整体涂刷第二遍清漆（面漆），采用600号砂纸打磨平整。最后，在使用频率高的木质构造表面涂刷第三遍清漆（面漆），待干后打蜡、擦亮、养护。（图5-76、图5-77、图5-78）

图5-76　打磨基层　顺木纹方向打磨

图 5-77　打磨　砂纸打磨表面，使其平整　　　　图 5-78　涂漆　手握刷子，轻松自然

5.5.3　乳胶漆涂装

　　乳胶漆涂装在家装中的涂装面积最大，用量最大，是整个涂料涂装工程的重点。乳胶漆主要涂刷于室内墙面、顶面与装饰构造表面，可以根据设计要求调色应用，效果丰富。

　　刷时应连续迅速操作，一次刷完。涂刷乳胶漆时应均匀，不能有漏刷、流附等现象。一般应具备两个步骤：涂刷一遍，打磨一遍。对于非常潮湿、干燥的界面应该涂刷封固底漆。涂刷第二遍乳胶漆之前，应该根据现场环境与乳胶漆质量对乳胶漆加水稀释。如果需对乳胶漆进行调色，应预先准确计算各种颜色乳胶漆的用量，再加入的彩色颜料均匀搅拌。（图5-79、图5-80、图5-81、图5-82）

图 5-79　乳胶漆　涂刷于室内墙面　　　　图 5-80　乳胶　可调色应用，色彩丰富

图5-81 调色 乳胶漆调色搅拌

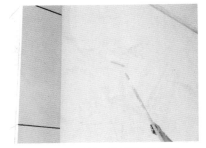

图5-82 涂漆 乳胶漆滚涂墙面

5.5.4 壁纸粘贴

壁纸粘贴是一种较高档次的墙面装饰施工，粘贴工艺复杂，成本高，应该严谨对待。

首先，清理涂饰基层表面，对墙面、顶面不平整的部位填补石膏粉腻子，并用240号砂纸对界面打磨平整。然后，对涂刷基层表面满刮第一遍腻子，修补细微凹陷部位，待干后采用360号砂纸打磨平整，满刮第二遍腻子，仍采用360号砂纸打磨平整，对壁纸粘贴界面涂刷封固底漆，复补腻子磨平。接着，在墙面上放线定位，展开壁纸检查花纹、对缝、裁切，设计粘贴方案，壁纸和墙面上涂刷专用壁纸胶，上墙对齐粘贴。最后，赶压壁纸中可能出现的气泡，严谨对花、拼缝，擦净多余壁纸胶，修整养护。（图5-83、图5-84、图5-85、图5-86、图5-87）。

图5-83 基层处理 墙面清理干净

做好准备，选择公司

专业设计，制定方案

明确报价，签订合同

精细选材，购买材料

标准工序，规范施工

选择配饰，准修养养

图5-84 壁纸涂胶器 使壁纸涂胶均匀

图5-85 用水润纸 使塑料壁纸充分膨胀

图5-86 拼接 先对图、后拼缝，吻合

图5-87 贴壁纸 赶压壁纸胶，不能留有气泡

5.6 成品件安装及验收

安装成品件是全套家居装修的最后步骤，主要安装各种灯具、洁具、地板、成品家具、电器设备等，在前期装修中涉及的水电、木构等施工员都会如期到场进行最后的收尾工作。一般安装顺序为从上至下，由内到外，应保护好完成的装饰构造，有条不紊地组织施工。

5.6.1 成品件安装

1. 灯具安装

灯具的样式很多，但是安装方法基本一致。应特别注意客厅、餐厅大型吊灯的组装工艺，最好购买带有组装说明书的中、高档产品。

首先，处理电源线接口，将布置好的电线终端按需求剪切平整；打开包装查看灯具及配件是否齐全，并检验灯具是否正常工作。然后，根据设计要求，在墙面、顶面或家具构造上放线定位，确定安装基点，使用电钻钻孔，并放置预埋件。接着，逐个安装灯具电线接头和开关面板，并将灯具固定到位。最后，测试调整，清理施工现场。（图5-88、图5-89）

图5-88　灯具配件　灯具型号、规格、数量要符合设计要求

图5-89　检测　用电笔测试插头是否有电

2. 洁具安装

常用洁具一般包括洗面盆、水槽、坐便器、蹲便器、浴缸、淋浴房等，它们的形态和功能虽然各异，但是安装程序基本相同，重点在于找准给水与排水的位置并连接密实，不能有任何渗水现象。

首先，检查给水、排水口的位置和通畅情况，打开包装查看洁具与配件是否齐全，精确测量给水口、排水口与洁具的尺寸数据。然后，根据现场环境和设计要求，预装洁具，进一步检查、调整管道位置，标记安装位置基线，确定安装基点，使用电钻钻孔，并放置预埋件。接着，逐个安装洁具的给水和排水管道，并将洁具固定到位。最后，紧固给水阀门，密封排水口，进行供水测试，清理施

工现场。（图5-90、图5-91、图5-92、图5-93）

图 5-90　洗脸盆安装　安装前应把脸盆放
在架上找平整

图 5-91　水槽排水管　水槽底部下水口平
面必须装有橡胶垫圈

图 5-92　涂抹玻璃胶　起到封闭坐便器的
作用

图 5-93　通水试验　打开水龙头试验水流
是否顺畅

3. 橱柜安装

橱柜安装一般要在墙、地砖铺贴后进行，施工员需要提前准备相关的安装工具。首先，检查水电路接头位置和通畅情况，查看橱柜配件是否齐全，清理施工现场。然后，根据现场环境和设计要求，预装橱柜，进一步检查、调整管道位置，标记安装位置基线，确定安装基点，使用电钻钻孔，并放置预埋件。接着，从上至下逐个安装吊柜、地柜、台面、五金配件与配套设备，并将电器、洁具固定到位。最后，测试调整，清理施工现场。（图5-94、图5-95、图5-96）

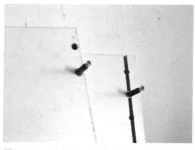

图 5-94 连接件 柜体之间至少需要 4 个连接件固定

图 5-95 抛光 用打磨机进行抛光

图5-96 揭保护膜 避免时间长了揭不下来，该膜老化后会影响美观

4. 燃气热水器安装

燃气热水器应设置在通风良好的卫生间、单独的房间或通风良好的过道里。房间的高度应大于2.5m。直接排气式热水器严禁安装在浴室或卫生间内，烟道式（强制式）和平衡式热水器可安装在浴室内，但安装烟道式热水器的浴室，其容积不应小于热水器每小时额定耗气量的3.5倍。热水器应设置在操作、检修方便又不易被碰撞的部位。热水器前方的空间宽度应大于800mm，侧边离墙的距离应大于100mm（图5-97、图5-98）。

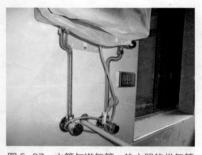

图 5-97　水管与燃气管　热水器的供气管
　　　　道宜采用金属管道

图 5-98　排气管　排风口应完全露出墙外

5. 推拉门安装

推拉门又称为滑轨门、移动门或梭拉门，它凭借光洁的金属框架、平整的门板和精致的五金配件赢得现代装修业主的青睐。推拉门一般安装在厨房和卧室衣柜上。

首先，检查推拉门及配件，检查柜体、门洞的施工条件，测量复核柜体、门洞尺寸，根据施工需要做必要修整。然后，在柜体、门洞顶部制作滑轨槽，并安装滑轨。接着，将推拉门组装成型，挂置到滑轨上。最后，在底部安装脚轮，测试调整，清理施工现场。（图5-99、图5-100）

图 5-99　配件　滑轮及五金配件要
　　　　齐全

图 5-100　滑轨　柜体安装滑轨

6. 成品房门安装

成品房门取代了传统的包门和制作门套，是现今流行的装修方式。安装成品房门要表面平整、牢固，板材不能开胶分层，不能有局部鼓泡、凹陷、硬棱、压痕、磕碰等缺陷。门边缘应平整、牢固，拐角处应自然相接，接缝严密，不能有折断、开裂等缺陷。木门成品和零部件的表面经打磨抛光后，不能有波纹或由于砂光造成的局部褪色。安装门锁时开孔位置要准确，不能破坏门板表面。（图5-101、图5-102、图5-103）

图5-101　检测　红外线检测门边是否整齐

图5-102　合页　合页与其螺钉之间连接紧固、自然，接缝严密

图5-103　门锁位置　门锁开孔位置要准确，不能破坏门板表面

7. 实木地板安装

首先，清理房间地面，根据设计要求放线定位，钻孔安装预埋件，并固定木龙骨。然后，对木龙骨及地面进行防潮、防腐处理，

铺设防潮垫，将木芯板钉接在木龙骨上，并在木芯板上放线定位。接着，从内到外铺装木地板，使用地板专用钉固定，安装踢脚板与分界条。最后，调整修补，打蜡养护。（图5-104、图5-105、图5-106）

图5-104　打扫　清扫房间地面

图5-105　防潮垫　铺设防潮垫，进行防潮处理

图5-106　预铺地板　将花纹一致的地板预铺在一个房间里

8. 复合木地板安装

复合木地板具有强度高、耐磨性好，易于清理的优点，购买后一般由商家派施工员上门安装，铺设工艺比较简单。

首先，要将地面上的砂浆、垃圾和杂物清扫干净。然后，依据设计的排列方向铺设，每个房间找出一个基准边统一放线，周边缝隙保留8mm左右，靠墙的一行安装到最后一块板时，取一整板，与前一块榫头相对平行放置，靠墙端留10mm画线后锯下，安装到行尾，若剩余板料长40cm，可用于下一行首。从第二行开始榫槽内应均匀涂上地板专用胶水(第一行不涂胶水)，当地板装上之后，用湿布或塑料刮刀及时将溢出的胶水除去。注意，当安装空间的长度大于8m，宽度大于5m时，要设伸缩缝，安装专用卡条。不同地材交接处需要装收口条。拼装时不要直接锤击表面和企口，必须套用安装垫块再锤击。（图5-107、图5-108、图5-109、图5-110）

图5-107　测量　测量房间长度，明确安装空间

图5-108　锯木板　得到合适长度的木板

图5-109　拼接　敲击安装垫板，使地板粘牢

图5-110　涂胶水　地板拼接时涂专用胶水

9. 地毯铺装

地毯有块毯和卷材地毯两种形式。块毯铺设简单，将其放置在合适的位置压平即可，而卷材地毯一般采用卡条固定的铺设方法。地毯适用于家居空间中的书房、视听室、卧室。（图5-111）

图5-111　卷材地板　安装时要用卡条固定

5.6.2 验收

竣工验收的细节很多，国家有相应的验收标准。业主主要验收给水排水管道、电器、抹灰、镶贴等，验收时一定不能马虎。

1. 给水排水管道

施工后给水排水管道应畅通无渗漏。排水管道应在施工前对原有管道进行检查，确认畅通后，进行临时封堵，避免杂物进入管道。安装的各种阀门位置应符合设计要求，并便于使用及维修。（图5-112）

图5-112　给排水管道　用管卡固定牢固

2. 电气

每户应设分户配电箱，配电箱内应设置电源总断路器。该总断路器应具有过载短路保护、漏电保护等功能，其漏电动作电流应不大于30mA。空调电源插座、厨房电源插座、卫生间电源插座、其他电源插座及照明电源等均应设计单独回路。各配电回路的保护断路器均应具有过载和短路保护功能，断路时应同时断开相线及零线。电热设备不得直接安装在可燃构件上。卫生间宜选用防溅式插座。吊平顶内的电气配管应采用明管敷设，不得将配管固定在平顶的吊杆或龙骨上。灯头盒及接线盒的设置应便于检修，并加盖板。使用软管接到灯位的，其长度应小于1m，软管两端应用专用接头与接线盒。灯具应连接牢固，严禁用木楔固定。金属软管本身应做接地保护。各种强、弱电的导线均不得在吊平顶内出现裸露。照明灯开关不宜装在门后，相邻开关应布置匀称，安装应平整、牢固。（图5-113、图5-114）

图5-113　空气开关　集控制和多种保护
功能于一体

图5-114　开关插座　家庭墙面插座属于
固定式插座

3. 抹灰

平顶及立面应洁净、接槎平顺、线角顺直、黏结牢固，无空鼓、脱层、爆灰和裂缝等缺陷。抹灰应分层进行。当抹灰总厚度超过25mm时应采取防止开裂的加强措施。不同材料基体交接处的表面抹灰宜采取防止开裂的加强措施。当采用加强网时，加强网的搭接宽度应不小于100mm。（图5-115）

4. 镶贴

墙砖表面色泽应基本一致，平整干净，无漏贴错贴。墙面无空鼓，缝隙均匀，周边顺直，砖面无裂纹、掉角、缺棱等现象，每面墙不宜有两列非整砖，非整砖的宽度宜大于原砖的30%。要识别墙面是否存在空鼓，可以用小铁锤敲击瓷砖边角，通过声音识别。厨房、卫生间应做好防水层，有排水要求的地面镶贴坡度应满足排水设计要求，与地漏结合处应严密牢固。（图5-116）

图 5-115 验收 用卡片检测墙面是否垂
直，有无缝隙

图 5-116 验收 检查墙面是否存在空鼓

第 ⑥ 章　选择配饰，维修保养

家居配饰的功能非常强大，绝不亚于前期的硬件装修，它凭借绚丽的色彩、丰富的质地、灵活的摆放，给家居空间带来意想不到的视觉效果，尤其对小空间的改善作用更大，但是如何选择搭配又是一个难题。家居装修完好后，难免会受到人为的损害，这样我们就要对它进行一定的保养和维修。本章主要介绍家居装修中配饰的选购搭配和装修后家居的保养维修。

6.1 选择家居配饰

家居配饰作为可移动的装修，更能体现业主与家人的品位，是营造家居氛围的点睛之笔。

1. 合理运用挂饰

挂饰是最常见的家居装饰手法，装饰画、面具、手工艺品、相框、壁毯、镜面都是很好的表现对象，而艺术装饰盘、绿化盆栽、金属工艺品、动物标本也都能成为绝好的家居饰品。在选择时，不仅要与整个房间的格调与色彩相搭配，还应反映出主人的情趣和风格。（图6-1）

2. 降低饰品高度

适当降低饰品的摆放位置，让它们处于人体站立时视线的水平位置之下，腾出顶部空间，减少视觉障碍，这样会给人带来畅快轻松的感觉。（图6-2）

3. 注重摆放次序

室内陈设品以直线形式摆放能获得良好的次序感，尤其是小件毛绒玩具、玻璃器皿等。最好能借助成品置物架来摆放，这样可以令形态各异的饰品具有强烈的次序感，在生活中无需刻意收拾就能起到良好的装饰效果，避免给人带来杂乱无章的感觉。（图6-3、图6-4）

图 6-1　挂饰　装饰画是最常见的家居装饰手法

图 6-2　装饰画　挂饰的高度要适中

图 6-3　毛绒玩具　摆放注意次序

图 6-4　装饰画　注意摆放线条

4. 民族地域饰品

中国结、皮影画、灯笼、古兵器等这些都是日常生活中少见的审美对象，最好能自己动手增加修饰，或是制作一个外框，或是重刷一遍涂料，经过处理后的饰品不仅更加美观，而且还注入了业主自己的情感。（图6-5）

5. 点缀瓜果蔬菜

经过雕琢后的瓜果蔬菜也能装点家居环境，或悬挂在窗前，

图6-5　刺绣　具有中国传统风格的装饰

或置于茶几上，能使家居环境增色生辉，平添许多活泼与趣味，令人赏心悦目。但是要注意瓜果蔬菜的时效性，一般陈设时间不超过3天，也可以用一些仿真产品来替代。（图6-6）

6. 改造废旧物品

合理利用旧物经济实惠，但是要注意关照家庭其他成员的喜好，不要将自己的审美情趣建立在家人的审美疲劳上。（图6-7）

现代家居配饰应当均衡合理，符合业主与家人的性格、爱好、审美情趣，将生活品质与个人修养相结合。家居饰品还要定期更换，做好保养维护，使有限的家居配饰发挥出无限的光彩。

图6-6　水果装饰　具有创意，表现出活泼生动的氛围

图6-7　手工装饰　废旧物品折叠成自己喜爱的装饰

6.2　饰品制作案例

这里介绍几种简单易学的家居饰品制作方法，它们无需美术功底和技术手法，全凭个人兴趣爱好就可以轻松完成，希望能引导装修业主开发出更多具有创意的家居饰品。

1. 十字绣饰品

十字绣饰品是当今最流行的家居饰品之一，风靡全国。首先，购买到十字绣产品套装，查看配件是否齐全，关注图样幅面、内容是否与基层绣布一致，可以估算一下彩线的数量够不够。然后，对照图样，使用各种颜色的笔在绣布上标记定位。注意对照图样操作，待熟练后可以使用Photoshop等软件自主创意绘制图案。接着，将绣布对折两次找到中心点，按照图样上中心点所标记的线号要求，在绣布中心绣第一针。每件产品的图样上都有色块标记，使用不同颜色的线细致地绣。最后，将制作完成的作品装裱起来，可以到十字绣专卖店或美术用品商店去装裱。（图6-8、图6-9、图6-10、图6-11）。

图6-8　十字绣配件　查看刺绣工具是否齐全

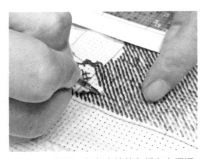

图6-9　标记　红色水性笔在绣布上标记定位

图6-10　穿针引线　常见的十字绣操作方法

图6-11　装裱　十字绣完成后很有中国味道

　　注意：在刺绣前一定要洗手，绣后将绣布放在干净的盒子里。清洗绣布时要将绣完的十字绣布放入冷清水中，不要加任何清洗剂，用软毛牙刷将未绣图线且比较脏的部分轻轻刷干净，不要刷已绣的图线部分。

2. 艺术插花

艺术插花是将剪切下来的诸多植物上的枝、叶、花、果作为素材，经过一定技术（修剪、整枝、弯曲等）和艺术（构思、造型、设色等）加工，重新配置成一件制作完美、富有诗情画意，能再现大自然美和生活美的花卉装饰品。

首先，要将插花工具准备好，根据不同品种，对花卉进行长短剪裁，并根据构图的需要进行弯曲处理。（图6-12、图6-13）

图 6-12　插花工具　检查插花工具是否一致　　　　图 6-13　裁剪　裁剪出适合的尺寸

然后，开始固定花枝，为了让花卉姿态按照预先设想的方案进行，一般按照花器的瓶口直径长度，取两段较粗的枝干，十字交叉于花器瓶口处进行固定。最好使用花插、花泥、铝丝等工具进行固定。接着，就是插花、插叶，一般先插花后插叶，这样易在插叶的时候将花的高度降低。正确的顺序应该是选材、选插衬景叶、插摆花，插主叶。最后，对完成的插花进行少许修剪，调整到位，做好养护。（图6-14、图6-15）

图 6-14　固定　用皮筋将花枝固定　　　图 6-15　插花　完成后的插花作品

3. 剪贴挂画

剪贴挂画通过独特的制作技艺，巧妙地利用材料和性能，充分展示了材料的美感，使整个画面具有浓郁的装饰风味。制作剪贴挂画有取材容易、制作方便、变化多样等特点，是一种深受家居DIY者喜爱的工艺美术项目。

首先，寻找中意的剪贴画或其他美术作品作为参考，根据制作规格和基层板材的规格来构思草图。经过反复斟酌、修改后即可根据创意准备材料。（图6-16、图6-17、图6-18）

图6-16　剪纸工具　剪纸需要的材料要齐全

图 6-17　画图　用笔画出创意图画

图 6-18　裁剪　按照所画图像将纸片图形裁剪下来

　　然后，将较厚的彩色硬纸板粘贴在基层板材上。基层板材可以选用装修剩余的15mm厚木芯板、9mm厚胶合板，甚至300mm×300mm或300mm×450mm瓷砖，只要是边角平整、不易变形的材料都能作为基层板材。接着，将准备好的彩色纸张、树叶或干质食品分别使用普通胶水、双面胶、502胶粘贴到基层纸板上。其中，树叶要晾晒干燥再压平，干质食品不能受潮浸水，可以喷涂一层清漆保持光泽效果。最后，将完成的作品尽快镶框装裱起来，装裱时要密封处理，防止内部材料受潮。（图6-19、图6-20、图6-21）

图6-19　边框　将硬纸贴到基层板上

图6-20　粘贴　将纸片图形粘贴起来

图6-21　装裱　密封处理，防止受潮

4.微缩盆景

　　盆景是呈现于盆器中的风景或园林花木景观的艺术缩制品，多以树木、花草、山石、水、土等为素材，经匠心布局、造型处理和精心养护，能在咫尺空间集中体现山川神貌与园林艺术之美。

　　首先，寻找一些喜爱并能轻松获取树材的盆景图片，根据图片创意构思，可以绘制草图，并根据草图准备材料。用于制作微缩盆景的树材品种没有特定要求，以枝叶茂盛的中上端树干为佳。

然后，选好用于制作盆景的花盆和树材，将花盆清洗干净，配置适宜当地植物生长的混合土壤。可以到当地花卉市场或大型超市购买混合肥料，按使用说明掺入土壤中。将选好的树材埋入花盆中，并将表面土壤适当压紧。（图6-22、图6-23、图6-24）

图6-22 选土 选择适合配置的土壤

图6-23 材料 绿色植物是主体

图6-24 栽入树材 将土壤压紧盖住树根

接着，使用剪刀、美工刀等工具在树材上修剪；在花盆泥土表面，铺设青苔或装饰石子，摆放形态特异的石头，安装亭台楼阁、人物模型。最后喷水养护（图6-25、图6-26、图6-27）。

图6-25 修剪 用剪刀进行创意修饰

图 6-26　装饰　铺设石子进行装饰

图 6-27　盆景　制作完成

新制作的盆景一般都无需额外施肥，当新根新芽长出后再及时施以适当的淡薄液肥，能更促进须根的生长和枝叶的茁壮成长。待枝叶茂盛时，就可多给水分、多晒阳光，以促进盆景植物的生长。

6.3　搭配方法

家居配饰可以根据室内空间的大小形状、业主的生活习惯、兴趣爱好和各自的经济情况，从整体上综合策划装饰装修设计方案，体现出主人的个性品位。家居配饰花钱少、费时少，甚至可以自己动手设计布置，正成为一种新的时尚。

1. 门厅

门厅一般只考虑在具有装饰功能的玄关装饰柜上配置少量玻璃饰品。玻璃制品晶莹透彻，能映射出门厅空间的环境氛围。装饰画与插花也是很好的配饰，但是选用的时候要注意配饰的体量大小。挂置玻璃镜面可以方便出门时整理仪表。门厅玄关空间狭小，玻璃镜面容易受到碰撞，最好镶嵌在装饰柜内侧的背板上，不宜直接挂在墙面上。（图6-28）

2. 客厅

客厅应该是住宅空间中设计与装饰的重点。客厅内的装饰品包括植物、布艺、小摆设等。软装的选择与摆设，既要符合功能区的环境要求，又要体现业主的个性与主张。客厅的整体布局要考虑家庭成员的整体审美，客厅配置装饰品的重要原则是大众化。（图6-29）

图6-28　门厅装饰　门厅过道装饰柜背板上搭配盆景

图6-29　客厅装饰　小摆设在客厅里起到画龙点睛的作用

3. 餐厅

餐厅的饰品配置不宜过多。装饰品色彩宜以明快色调为主，红色和橙色能刺激人的食欲，蓝色使人感到温柔和舒适，这样选用明快的色调能改善餐厅环境，增加活力。大多数餐厅与客厅都相连通，应从空间感和主次关系的角度，使餐厅的色彩与客厅色彩相协调。（图6-30）

图6-30　餐厅装饰　明快的色彩和壁画能增加食欲

4. 厨房

如果厨房空间充足，可以直接利用厨房用具来进行装饰，如选择造型别致的餐具、酒具、果盘、电器等，蔬菜本身就具有美感。厨房的整体搭配设计要突出、简洁。（图6-31）

5. 书房

书房饰品要注意文化氛围，装饰品的类型要与业主所从事工作的类型、个人兴趣爱好及书房的功能相关。此外，装饰画不要挂在正对书桌的墙面上，以免工作时分心，干扰思维。有些户型的书房空间很宽裕，可以沿着墙角靠置几幅大型的油画作品。（图6-32）

图6-31 厨房装饰 餐具是较好的装饰品

图6-32 书房装饰 壁画壁纸很有文化气息

6. 卧室

卧室内可以布置一些带有感情色彩的陈设品，如结婚照、自己喜爱的摄影图片及纪念品等，也可点缀一两件典雅的工艺品或富于浪漫情趣的插花等。卧室最主要的装饰品还是床上用品。床上布置除了床单、被褥和睡枕之外，还可以配置毛绒玩具。（图6-33）

图6-33 卧室装饰 床头挂画、毛绒玩具、蚊帐等都能让卧室看起来很温馨

7. 户外

在阳台和庭院种养花草是大多数家庭的首选。花卉宜选择阴生

或耐阴品种，如兰花、吊兰、君子兰等。阳台面积较小，夏季温度高，水分蒸发快，但是光照充足，对一些喜光、耐干旱的花卉十分有利。户外顶部可以悬挂耐阴的吊兰及蕨类植物，靠墙处可以摆放南天竹和君子兰。庭院地面可利用旧地毯或其他材料铺饰，以增添行走时的舒适感，同时还可以配上防腐木桌椅，使空间显得更稳重。（图6-34）

图6-34　户外装饰　假山看起来很有意境

家居装修小贴士

饰品选购地点

（1）家居超市　这类卖场专业程度高，家居饰品种类繁多，品质和售后服务有保证，选购场所优雅舒适，针对套装家居用品还设计出样板间供消费者体验，但是价格较高。综合来看，可以在这里选购少量具有使用功能的商品，如沙发、茶几、装饰器皿和玻璃饰品等，这些商品的质量能保证较长的使用时间，物有所值。

（2）大型综合超市　这类卖场拥有一部分家居饰品，而且经常进行特价优惠活动，虽然价格不高，但是也不能议价。在综合超市很难买到个性化很强的东西，这里基本是大规模批量生产的饰品，只能满足一般装修业主的需求。

（3）饰品专营店　这类商店数量很多，一般集中在城市中繁华的商业步行街上和大型超市旁，里面的商品琳琅满目，具有很强的创意，价格差距很大。很多店主凭借这种个性创意来抬高标价，购买时一定要记住"议"价，否则很容易不明不白地花冤枉钱。

（4）路边小摊　这类场所售卖的家居饰品非常便宜，但是都是批量产品，质量一般，如果特别喜欢就可以毫不犹豫地购买，当然还是要看质量，否则再省钱也起不到装饰家居环境的作用。

（5）网店　网上选购饰品一般都是看中低廉的价格，但是邮寄到手的实物有时会与网上的图片相差较大。因此，不能完全寄希望于网店商品，它只能作为选购的额外补充。

6.4　水电维修

水电构造属于隐蔽工程，埋藏在墙体内的管线一般不会无端损坏，问题主要出现在外部构造与设备上。维修的主要内容是更换水阀门、软管与开关插座面板。

6.4.1　更换水阀门与软管

更换水阀门与软管比较简单，关键在于购买优质且型号相符的新产品，更换时理清操作顺序即可。首先，关闭入户水管总阀门，将水管中的余水排尽，使用扳手将坏的水阀门或软管向逆时针方向旋钮下来。然后，对照相应尺寸购买新的产品。水阀门的螺口要使用专用生料带将其缠绕紧密。最后，使用扳手将水龙头按顺时针方向拧紧扶正。住宅小区的供水水压长期高低不均会造成软管破裂，如果更换频繁则应该考虑使用不锈钢波纹管，成本虽高，但是更加坚固耐用。（图6-35、图6-36、图6-37）

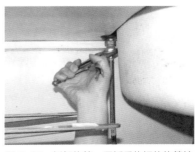

图 6-35 拆卸软管 用扳手将坏的软管按逆时针方向旋扭下来

图 6-36 缠绕生料带 水阀门的螺口要使用专用生料带将其缠绕紧密

6.4.2 更换开关插座面板

更换开关插座面板要注意安全，不能带电操作，一定要将入户电箱中的空气开关关闭。如果没有十足把握，可以在安装面板之前，打开空气开关通电检测，无任何问题后再安装面板。经过多次检测，如果断定是埋藏在墙体内的线路发生故障，也可以分为两种情况分别修理。（图6-38、图6-39）

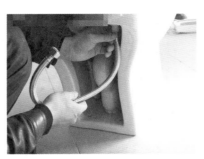

图6-37 安装软管 使用不锈钢波纹管替换

图 6-38 拆开关面板 用螺丝刀将面板拆卸下来

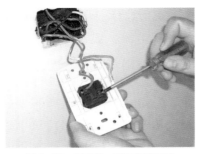

图 6-39 拆电线 松开电线插口

1. 更换电线

同时拆除开关插座面板内的线头和该线另一端接头，从面板这头将电线用力向外拉，如果能拉动则说明该线管内比较空，再将电线的另一端绑上新电线，从这端用力向外拉，可以将整条损坏的电线抽出，同时也将绑定的新电线置入线管内，这样就完成了电线的整体更换。这种方法适用于穿接硬质PVC管的单股电线，最好在装修时预埋金属穿线管，如果中途转折过多则很难将电线拉出，造成维修困难。（图6-40、图6-41）

图6-40　手拉电线　将损坏的电线抽出

图6-41　绑扎电线　将电线的一端绑上新电线

2. 并联电线

将损坏的线路并联到正常的线路上，让一个开关控制2个灯具或电器，或让一条线路分出两个插座。普通1.5mm²的电线一般只能负荷1500W以下的电器，2.5mm²的电线负荷不要超过2500W，空调线路应该单独分列，不能与其他电器共用。（图6-42）

图6-42　并联电线　不要超负荷连接，避免再次损坏

6.5 瓷砖维修

铺设完毕的墙地砖在使用过程中难免会发生损坏，重物砸落或墙体开裂，都会造成墙地砖不同程度的损坏。瓷砖虽然是用水泥砂浆铺贴的，但是维修起来也并不困难。

如果是墙地砖发生开裂，一般需要整块更换。首先，到五金店租赁一台瓷砖切割机，沿着旧瓷砖边缘内10mm左右进行切割，墙砖的切割深度约6mm，地砖的深度约12mm。然后，使用平头螺丝刀当作凿子，配合铁锤拆除旧瓷砖，露出水泥砂浆层。接着，将水泥砂浆层凿掉一部分，注意不要破坏防水层。（图6-43、图6-44）

图 6-43　更换瓷砖　用切割机切割瓷砖

图 6-44　消除水泥　用平头螺丝刀当作凿子

最后，使用瓷砖胶黏剂将新瓷砖补贴上去，使用填缝剂修补缝隙即可。如果用素水泥补贴，则需将原有水泥层全部凿掉。修补凹坑比较简单：购买小包装云石胶，采用普通美术颜料调色后直接修补即可。注意调色时要逐渐加深，一旦颜色过深就无法再调浅。待云石胶干燥后用小平铲铲除表面多余部分，最后用360号砂纸轻微打磨。（图6-45）

6.6 家具保养

家具磨损率较高，需要长期保养。家具保养一般为调整五金件和修补破损部位两种形式，要以认真严谨的态度来完成。

1. 调整五金件

家具上的五金件一般包括铰

图6-45 修补瓷砖凹坑 云石胶干燥后用小平铲铲除表面多余部分

链、合页、拉手、滑轨、锁具等。固定五金件的螺钉松动，会造成家具构件移位，门板、抽屉闭合不严。除了使用螺丝刀紧固外，必要时还需将五金件拆下来，使用木屑或牙签填充螺钉孔，以强化螺钉的衔接力度。（图6-46、图6-47）

图6-46 调整五金件 松动间隙，调整螺丝位置使其牢固

图6-47 调整五金件 用小木棒填充螺钉孔

2. 修补破损部位

破损部位常见的修补方法比较简单。首先，使用铲刀清除家具缺角和凹坑周边的毛刺、结疤和污垢。然后，制作一些细腻的锯末，掺入502胶水或白乳胶，涂抹到破损部位。涂抹应尽量平整，待完全干燥后使用刀片清除多余的部分。接着，使用360号砂纸将表面

打磨平整，并擦拭干净，使用美术颜料与腻子粉调和，使腻子的颜色与家具原有色一致，仔细刮满修补部位，待干后再次打磨，最后涂饰清漆。此外，高档家具最好定期打蜡。（图6-48、图6-49）

图6-48　修补　用砂纸将表面打磨平整　　图6-49　修补　涂刷与原家具颜色一致的颜料

家居装修小贴士

去除家具污渍的方法

（1）牛奶　将浓度较高的牛奶倒在抹布上，再擦拭木质家具，去污效果很好，最后用清水擦一遍。可以将牛奶放在微波炉中加热来获取高浓度。

（2）茶水　用纱布包住茶叶渣擦洗家具，或干脆用冷茶水擦洗家具，会使家具显得特别光洁。茶叶能去除家具表面细小的污渍。

（3）牙膏　用抹布蘸点廉价的牙膏或牙粉擦拭家具，可以使家具表面光亮如新。但要注意不能太用力，以免破坏漆面。

（4）白醋　用等量的白醋和温水混合，擦拭家具表面，然后用一块干净的软布用力擦拭。这种方法适用于被油墨污染的家具，而且要多次擦拭才有效。

（5）肥皂　用海绵蘸温热的低浓度肥皂水擦洗家具，会使家具显得更加有光泽。

6.7 墙面保养

硬质墙面主要是指瓷砖和石材墙面。阳台瓷砖墙面容易受灰尘污染，可以用喷雾蜡水清洁保养。蜡水能在墙面表层形成透明保护膜，更方便日常清洁。厨房、卫生间的墙面则应定期使用碱性清洁剂擦洗，洗后一定要用清水洗净，否则会使瓷砖表面失去光泽。（图6-50）

图6-50　保养瓷砖　表面用碱性肥皂擦洗

壁纸墙面可以采用吸尘器清洁。如果发现特殊污迹要及时擦除。对耐水墙面可用水擦洗，洗后用干毛巾吸干即可；对于不耐水的壁纸可用橡皮擦拭或用毛巾蘸些清凉油擦拭。注意要及时去除污垢，否则时间一长就会留下永久的斑痕。（图6-51）

图6-51　保养　墙面可采用吸尘器清洁

乳胶漆墙面的普通污迹可以用橡皮擦除或用360号砂纸打磨，但是不要轻易采用蘸水擦洗的方法。彩色乳胶漆墙面的擦洗力度过大会露出白底，很难再调配出原有颜色来。对于受潮起泡的墙面首先可以局部铲除。选用成品腻子，如果是彩色墙面，可以在腻子中调配水粉颜料，获得近似色彩即可。接着将腻子涂抹在墙面上，最后采用装饰墙贴修饰，这种方法最简单有效。（图6-52、图6-53）

图 6-52　保养　将局部受潮起泡的抹灰层铲除

图 6-53　保养　用加入彩色颜料的腻子抹灰

6.8　饰品保洁

对于不同材料制作的装饰品应该用不同的方法来保洁。（图6-54、图6-55、图6-56）

图 6-54　保洁工具　毛巾、清洁剂等是万用的保洁工具

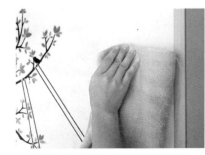

图 6-55　保洁　用毛巾擦拭墙面

对树脂饰品应定期除尘，清洁时可以用干棉布或鸡毛掸子将树脂产品上的灰尘掸去，避免直接遇水。如果树脂饰品有污点可以用酒精或碧丽珠养护上光剂擦洗。

图6-56　保洁　用吸尘器吸灰

布艺窗帘如果是普通布料窗帘可用湿布擦洗，但易缩水的面料应尽量干洗。帆布或麻制成的窗帘最好用海绵蘸温水或肥皂溶液抹擦，待晾干后卷起来即可。对于目前家庭使用较多的卷帘或软性成品帘，则可以用抹布蘸用温水溶开的洗涤剂擦拭。清洗窗帘时不能用漂白剂，尽量不要脱水和烘干，要自然风干，以免破坏窗帘本身的质感。

藤制饰品的空隙里时常会积聚一些肉眼可以看到的灰尘及棉屑，应用刷子小心清除，再用洗剂擦洗。藤制品经过长时间使用后，会逐渐变成米黄色或更深的颜色，如果想恢复米色，可以用草酸来漂白。如果发现藤器上有污迹，可以用肥皂水擦拭。

木制饰品宜用含蜡质的或含油脂的纯棉毛巾擦拭。平时可经常用干棉布或鸡毛掸子将木雕工艺品上的灰尘掸去（图6-57、图6-58）。

图6-57　保洁　用吹风机和专用抹布清洁
　　　　　　木质衣柜

图6-58　保洁　用毛巾和清洁剂清洁木质
　　　　　　柜面

日常清洁玻璃饰品时用湿毛巾或报纸擦拭即可，如遇污迹可用毛巾蘸啤酒或温热的食醋擦除，另外也可以使用目前市场上出售的玻璃清洗剂，但是不能用酸碱性较强的清洁剂清洁。

石材饰品要经常擦拭，保持表面清洁，并定期打蜡上光，使石材表面始终光亮如新。（图6-59）

图6-59　保洁　用牙膏擦洗砖缝

做好准备，选择公司

专业设计，制定方案

明确报价，签订合同

精细选材，购买材料

标准工序，规范施工

选择配饰，维修保养

后　记

关于装修，很多人并不陌生，有的甚至还可以说出一二来。的确，现在生活条件好了，家装的频率也高了。过去快搬家了才想起要装修，现在房价高，各种旧房、老房，重新整整就能焕然一新，这比买精装新房要划算得多。但是在大多数人眼里，装修又是件挺麻烦的事情——找装饰公司，修改图纸，跑材料市场，又要防偷工减料，跟各类"奸商"斗智斗勇，这都需要业主费心费力。

现在全国不断掀起"装修热"的潮流，很多业主反而觉得摸不着头脑。首先是装修设计样式多，图纸多；然后是装饰材料品种多，定价多；接着是施工工序多，工艺多；最后是搭配饰品多，维修多。还有突如其来的专业术语、跨界理念、烦琐数字更是令人不知所措。真希望一夜间能成为装修达人，操控装修能达到易如反掌的境界——但这可能吗？现实终归是现实，装修是门技术活儿，要是谁都能一夜成名成家，那谁还去开装饰公司！更没人愿意接着读这本书了。对待装修这件技术含量较高的事情，需要学习。不学习就落后，落后就有可能会上当受骗，房子装修得不满意还要大把大把地往外撒钱，谁都不乐意。但是花时间、花精力学习这门技术又不划算，装修一次能管上十年八年的，装饰材料和施工工艺日新月异，现在努力用功，以后就过期作废了。所以，学习装修要抓住重点，这样才能快速建立起一套系统的、覆盖整个装修过程的装修知识体系，才能成为真正的装修专家。

本书采取全新的表述方式，从装修的实践经验出发，详细描述装修中可能出现的各种细节，由细节归纳出重点，再将重点举一反三，深入到家居装修中的设计、选材、施工、配饰等细节，引导业主顺利完成装修。

参考文献

[1] 周燕珉. 住宅精细化设计[M]. 北京：中国建筑工业出版社，2008.

[2] 何斌，陈锦昌，陈炽坤. 建筑制图[M]. 5版. 北京：高等教育出版社，2005.

[3] 高钰. 室内设计风格图文速查[M]. 北京：机械工业出版社，2010.

[4] 乐嘉龙. 住宅公寓设计资料集[M]. 北京：中国电力出版社，2006.

[5] 刘文军，付瑶. 住宅建筑设计[M]. 北京：中国建筑工业出版社，2007.

[6] Mack, Lerup, Holl. 住宅设计[M]. 谢建军，郑庆丰，译. 北京：中国建筑工业出版社，2006.

[7] 张洋. 建筑装饰材料[M]. 2版. 北京：中国建筑工业出版社，2006.

[8] 龚建培. 装饰织物与室内环境设计[M]. 南京：东南大学出版社，2006.

[9] 陈祖建. 室内装饰工程预算[M]. 北京：北京大学出版社，2008.

[10] 《时尚家居》杂志社. 贴心家饰[M]. 北京：中国轻工业出版社，2007.

[11] 王军，马军辉. 建筑装饰施工技术[M]. 北京：北京大学出版社，2008.

[12] 潘吾华. 室内陈设艺术设计[M]. 2版. 北京：中国建材工业出版社，2006.

[13] 高祥生. 室内陈设设计[M]. 南京：江苏科学技术出版社，2004.